SELBST-VERSORGUNG AUS DEM BALKON-HOCHBEET

KOSMOS

INHALT

JANUAR

Weihnachtsbaum-Reisig auf Beete verteilen

Große Schneelast abschütteln

Neues Gartenjahr planen

Hochbeete bauen

Nicht die Vögel vergessen

Frostschutz kontrollieren & erneuern

Vlies über Wintergemüse erhöht Temperatur und fördert Wachstum

Geräte säubern, Rost entfernen und einfetten

Erde vor zu viel Nässe schützen

Kernobst an frostfreien Tagen schneiden

Wintergemüse bei Bedarf ernten

Sprossen & Microgreens ziehen

HOCHBEET: STANDORT & BEETPLANUNG

Jeder Balkon ist anders. Klein, groß, sonnig, schattig, windig, oben offen oder überdacht. Egal, welche Bedingungen auf deinem Balkon herrschen, es gibt die passenden Pflanzen dafür.

DER RICHTIGE STANDORT IST ENTSCHEIDEND

Plane dein Beet immer von deinem Standort aus und achte beim Bepflanzen deiner Beete auf die dort vorhandenen Gegebenheiten. Pflanze nur die Gemüse- und Obstsorten, deren Bedürfnisse unter diesen Bedingungen auch wirklich erfüllt werden.

Falsche Licht- und Wassergegebenheiten können Pflanzen stressen und in ihrem Wachstum einschränken. Sie werden dadurch anfälliger für Schädlinge und Krankheiten, werfen ihre Blüten ab oder Früchte reifen nicht aus.

JE MEHR SONNENLICHT, DESTO MEHR MÖGLICHKEITEN

Stelle sicher, dass dein Hochbeet genug Sonnenlicht bekommt. Es gibt zwar auch Pflanzen, die im Schatten gedeihen können, jedoch die meisten Obst-, Kräuter- und Gemüsepflanzen brauchen etwa 6 Stunden Sonnenlicht und freuen sich über jeden Sonnenstrahl mehr.

Je nachdem, in welche Himmelsrichtung dein Balkon ausgerichtet ist, wirst du mehr oder weniger Sonne haben. Auch hochstehende Bäume in der Umgebung und andere Häuser, welche mehr Schatten machen, sollten beachtet werden. Genauso macht es einen Unterschied, ob du im Erdgeschoß oder im 6. Stock wohnst.

Wenn viele Sonnenstunden auf dein Hochbeet treffen, hast du mehr Auswahl an Pflanzen, die du setzen kannst. Sonne ist für viele nun mal für das Wachstum und das Ausreifen der Früchte essenziell und wichtig. Vor allem Sonnenanbeter und wärmeliebende Pflanzen, wie Tomaten, Chili, Paprika, gedeihen nur in der Sonne gut.

Auf einem eher schattigen Balkon fühlen sich grünblättriges Gemüse (Salate, Spinat) und eini-

Nutze deine Beete auch im Winter, für eine kleine aber feine Ernte, ohne viel Extraaufwand.

ge Kräuter (u. a. Schnittlauch, Minze, Petersilie) auch sehr wohl.

DIE RICHTIGE WASSERVERSORGUNG IST WICHTIG

Ist dein Balkon überdacht, bleiben deine Pflanzen an Regentagen trocken. In diesem Fall musst du trotz Regen selbst nachhelfen, damit deine Pflanzen nicht vertrocknen. Bei einem Balkon ohne Überdachung erledigt der Regen das ein oder andere Mal das Bewässern für dich.

Achte immer auf eine gute und gleichmäßige Wasserversorgung ohne Staunässe und vermeide zu lange Trockenperioden.

Kleine Pflanzentöpfe trocknen an heißen Tagen schneller aus als größere Pflanzgefäße. Es gilt, je mehr Volumen Erde ein Topf oder Hochbeet umfasst, desto länger bleibt die Erde im Inneren feucht.

Mit der richtigen Drainage und einer Mulchschicht kannst du ebenfalls das Wurzelwerk deiner Pflanzen länger feucht halten und die Gießintervalle verlängern (mehr dazu, Seite: 82, 86 richtig Gießen, Wasser sparen, Mulchen ect.).

VOR- & NACHTEILE VOM BALKON

Ein Garten ist eine ganz andere Liga, wenn es um Anbau und Selbstversorgung geht. Nichtsdestotrotz hat jeder Balkon ein großes Potenzial eine richtig grüne und essbare Oase zu werden, mit weniger Arbeit und Investitionen, als für einen Garten nötig wäre.

Vorteile

Platzsparend: Töpfe und Hochbeete haben nun mal eine begrenze Größe. Um trotzdem das Maximum aus dieser Gegebenheit herauszuholen, werden diese effizienter genutzt und be-

pflanzt. Je mehr ein Erdreich mit Gemüse, Salaten und Kräutern bepflanzt wird, desto weniger Platz bleibt für Unkraut.

Übersichtlicher: Ein Balkon ist durch seine kompakte Größe übersichtlicher und schneller zu bewältigen. Bedeutet weniger Arbeit, schnelleres Erkennen von Krankheiten und Schädlingen und kein Rasenmähen und Heckenschneiden.

Schädlinge und Krankheiten: Dadurch, dass du auf einem Balkon alles recht gut im Blick hast, wirst du einen Schädlingsbefall und Krankheiten an Blättern schneller bemerken. Frühzeitiges Erkennen erhöht den Erfolg der Bekämpfung. Wühlmaus und Maulwurf bleiben uns am Balkon erspart. Marienkäfer, Florfliegen, Bienen, Vögel, Wespen und viele andere Nützlinge können mit dem richtigen Futterbuffet auf den Balkon gelockt werden.

Temperatur: Balkone liegen geschützter und die Pflanzengefäße erwärmen sich schneller als ein Beet im Garten. Das fördert das Pflanzenwachstum und ermöglicht eine frühere Aussaat und Ernte.

Unkraut: Unkraut hält sich am Balkon in Grenzen, da im besten Fall jede vorhandene Erdstelle bepflanzt und gemulcht ist. Vereinzelte wildwachsende Gräser und Blumen stören nicht weiter oder können schnell ausgezupft werden.

Nachteile

Begrenzter Platz: Hochbeete auf dem Balkon sind vom Erdreich leider begrenzt. Der Garten bietet viel mehr Platz für Gemüse- und Obstsorten, die tiefer wurzeln wollen und demnach in einem begrenzten Topf nicht so gut gedeihen.

Schädlinge: Natürliche Fressfeinde von Schädlingen (z. B. Igel) werden den Weg auf einen Bal-

kon im 6. Stock nicht so schnell schaffen. Viele Schädlinge, die sich in einem Garten vom Gemüsebeet natürlich vertreiben lassen würden, wirst du am Balkon nicht so einfach los. Wohin sollen denn die Mäuse, Schnecken und Ameisen ausweichen? Wenn dieser Schädling zur richtigen Plage wird, muss gehandelt werden.
Temperatur: Während die Erwärmung im Frühjahr ein Vorteil ist, kann der Balkon sich im Sommer schnell aufheizen. Hier müssen Maßnahmen gegen Hitzeentwicklung und zu schneller Austrocknung getroffen werden.
Bewässerung: Ein Hochbeet muss im Hochsommer nahezu täglich gegossen werden. Ein Beet im Garten muss im Hochsommer ebenfalls regelmäßig gegossen werden, trotzdem können hier Pflanzen tiefer wurzeln und sich von feuchter Erde im Untergrund und dem Grundwasser bedienen.

1 Minze breitet sich schnell aus und braucht ihren eigenen Topf.

2 Variiere Rankgitter für die verschiedenen Wuchshöhen.

3 Steine anstatt Holz unter den Beeten verwittert nicht so schnell.

4 Mehrere Rankgitter können zu einem Rundbogen zusammengesteckt werden.

4 Punkte, auf die du bei deiner Beetplanung achten solltest

- Braucht meine Pflanze mehr Sonne oder Schatten?
- Wie viele Nährstoffe braucht sie?
- Wie hoch ist der Wasserbedarf?
- Wie viel Platz braucht meine Pflanze? Wie groß wird sie?

BEETPLANUNG: WER MIT WEM?

1. Sonnenanbeter oder Schattenliebhaber?

Die Anzahl an Sonnenstunden, die auf dein Beet treffen, sind entscheidend für gutes Wachstum und eine reiche Ernte. Steht dein Hochbeet mehr in der Sonne, im Halbschatten oder in einem schattigen Eck?

Setze nur Pflanzen zusammen, die die passenden und gleichen Vorlieben für Sonnenstunden haben.

Sonniger Balkon: Tomate, Chili, Paprika, Aubergine, Gurke, Zucchini sowie Feige und Zitrusfrüchte. All diese Pflanzen brauchen das Sonnenlicht, damit ihre Früchte richtig ausreifen können. Mediterrane Kräuter wie Rosmarin, Thymian, Oregano und Basilikum lieben ebenfalls die Sonne.

Halbschattiger Balkon: Erdbeere, Johannisbeere, Himbeere, Erbse, Bohne, Knoblauch und Zwiebel. Diese halten es auch gut im Halbschatten aus, brauchen es jedoch trotzdem ein wenig sonnig, um zu gedeihen.

Schattiger Balkon: Blattgemüse (Salate, Spinat, Mangold, Rucola), Kohlarten (Kohlrabi, Brokkoli, Grünkohl, Blumenkohl), Kräuter (Petersilie, Schnittlauch, Minze), Radieschen, Erbse und Bohne. Sie wachsen alle unter halbschattigen oder sonnigen Bedingungen, fangen jedoch bei zu hoher Hitze schnell zu schießen an, gehen in die Blüte. Auf lange Sicht gesehen, fühlen sie sich bei kühleren Temperaturen wohler.

2. Nährstoffbedarf der Pflanzen

Pflanzen haben unterschiedliche Nährstoffbedürfnisse, es gibt Stark-, Mittel- und Schwach zehrer.

Starkzehrer brauchen viele Nährstoffe. Zu ihnen gehören u.a. Tomate, Paprika, Chili, Zucchini, Gurke, Kohlsorten, Kartoffel, Sellerie, Lauch.

Mittelzehrer benötigen weniger Nähstoffe als Starkzehrer. Vertreter sind u.a. Erdbeere, Himbeere, Brombeere, Zwiebel, Knoblauch, Karotte, Rote Bete, Kohlrabi, Fenchel, Salatköpfe, Mangold

Schwachzehrer begnügen sich mit wenigen Nährstoffen. Beispiele sind Pflücksalate, Erbse, Bohne, Radieschen, Kräuter, Spinat.

Achte darauf, nicht zu viele Starkzehrer miteinander in ein Gefäß zu setzen. Pflanze zu einem Starkzehrer lieber einen Mittelzehrer und mehrere Schwachzehrer hinzu, um das Nährstoffgleichgewicht in diesem Hochbeet auszubalancieren.

3. Wasserbedarf

Der Wasserbedarf von Pflanzen kann sehr unterschiedlich sein. Eine Trennung nach Wasserbedarf pro Hochbeet ist daher sinnvoll.

Pflanzen oder Kräuter, die es lieber trockener haben, fühlen sich in zu nasser Erde nicht wohl und bekommen im schlimmsten Fall Wurzelfäule.

Auf der anderen Seite gibt es wiederum Pflanzen, die nach ein paar kräftigen Regentagen im Wasser stehen und trotzdem herrlich sprießen. Je nach Beetbepflanzung wird dieses dann kräftiger und regelmäßiger gegossen als das andere.

4. Platz

Der Platz auf dem Balkon und im Hochbeet ist begrenzt. Nutze diesen geschickt mit Pflanzen, deren Wuchs verschieden ist. Ideal ist ein Mix aus an Stangen hochrankenden Pflanzen und Gewächsen mit verschiedener Wuchshöhe, also niedrige Bodendecker kombiniert mit hängenden Pflanzen, die aus dem Hochbeet herauswachsen.

Euer Hochbeet könnte beispielsweise mit hochrankenden Gemüsen, die den Platz oben in der Luft beanspruchen (Bohne, Gurke) und kleinwüchsigen Pflanzen (Chili, Kohlgemüse) sowie flachen Bodendeckern (Kresse, Radieschen, Wildblumen, Pflücksalate) bestückt sein. Im besten Fall kommt noch eine Pflanze mit hängendem Wuchs dazu, die aus dem Beet herauswachsen darf und somit keinem im Weg ist (Kapuzinerkresse).

Biete bei Möglichkeit unterschiedliche Futterstellen an.

Vogelarten haben Platz- und Futter-vorlieben.

Verwelkten Schnittlauch nach dem Winter für den Nestbau stehen lassen.

Abgeblühte Sonnenblumenköpfe sind ein einfaches Kerne-Futterbuffet.

BALKON VOGELFREUNDLICH GESTALTEN

Den Balkon volgelfreundlich zu gestalten, bietet eine wunderbare Möglichkeit, die natürliche Vielfalt und den Erhalt der Vögel in der Stadt zu fördern. Durch gezielte Maßnahmen wie das Anbringen von Futterstellen, Tränken und Nisthilfen können Vögel angezogen und unterstützt werden.

RICHTIGES FÜTTERN MIT RICHTIGEM FUTTER

Jede Vogelart hat ihre Vorlieben. Körnerfresser wie Meisen, Finken und Sperlinge mögen Körner, Nüsse, Samen, Kerne und Sämereien aus Futtermischungen.
Weichfutterfresser wie Rotkehlchen, Amseln, Zaunkönig suchen ihre Nahrung bevorzugt am Boden, sie fressen Rosinen, Obst, Haferflocken und tierische Kost wie Insekten.
Ideal sind Futterhäuschen und Spender, die nicht mit Kot verschmutzt werden können. NO-GO: Gewürze oder gesalzene Speisen sowie Brot, das quillt im Magen auf und ist für Vögel ebenso schwer verdaulich.

KEIN FETTFUTTER VON APRIL BIS JULI!

Von April bis Juli solltest du kein Fettfutter, keine Erdnüsse und keine Sonnenblumenkerne bereitstellen. Wintervogelfutter kann für Jungvögel sogar schädlich sein. Es droht Erstickungsgefahr durch harte Stücke und Verdauungsprobleme wegen zu vieler Fette.
In den warmen Monaten gibt es in der Natur ein natürliches und weit gefächertes Buffet an Samen, Früchten und Insekten für die Vögel.

KEINE PESTIZIDE – NATÜRLICHE SCHÄDLINGSBEKÄMPFUNG

Vögel versorgen sich und ihre Jungvögel mit Insekten und helfen uns damit bei der natürlichen Schädlingsbekämpfung. Es ist daher umso wichtiger, all die Pflanzen und Schädlinge nicht mit Gift zu behandeln.

WASSER – NICHT NUR ZUM TRINKEN

Achte auf genügend Wasserstellen – sei es nur ein einfacher Untersetzer oder Behälter, in dem Regenwasser stehen bleiben darf. Vögel brauchen Wasser nicht nur zum Trinken, sie baden zwischendurch liebend gern darin.

NISTHILFEN & NISTMATERIAL

Mit einem Nisthäuschen kannst du mit viel Glück bei Nestbau und Jungtier-Aufzucht zusehen. Der perfekte Nistplatz ist wettergeschützt und für andere Tiere unerreichbar. Als Nistmaterial werden trockene Pflanzenteile wie Blätter, Halme, Stängel oder Moos verwendet. Sowie weicheres Material wie Federn, Haare und Wolle.

WINTERSCHUTZ FÜR PFLANZEN, BEET & BALKON

Winterschutz ist wichtig, um empfindliche Pflanzen vor Frost und Kälte zu bewahren. Geeignete Schutzmaßnahmen helfen dabei, Pflanzen, Werkzeug und Zubehör durch den Winter zu bringen.

1

2

3

1 Reisigzweige als Schutz gegen zu viel Schnee.

2 Nur leicht mit Schnee bedeckt, kommt Wintersalat ohne Schutz aus.

3 Gesammelte Schätze aus dem Wald dienen hervorragend als Mulchschicht.

WEIHNACHTSBAUM RECYCELN

Nachdem der Weihnachtsbaum seinen Zweck erfüllt hat, kannst du ihn als Mulchschicht gegen Frost und Schnee auf deinem Beet wieder verwerten. Schneide dazu die Reisigzweige deines Weihnachtsbaums ab und verteile sie auf Beete und Töpfe. Der kommende Schnee liegt somit nicht direkt auf der Erde oder dem Wintergemüse und verringert Frostschäden.

ERDOBERFLÄCHE NICHT LEER LASSEN

Leere Beete mit nackter Erdoberfläche sind, vor allem während des Winters, keine gute Idee. Die Erde trocknet aus, das Leben in der Erde reduziert sich und die Nährstoffe nehmen ab. Ein Wintermulch erhöht die Aktivität der Mikroorganismen im Boden und somit den Humusanteil. Das Leben bleibt erhalten.

— Herbstlaub liegen lassen.
— Abgeblühte und abgestorbene Pflanzen nicht gleich aus der Erde reißen. Wurzelreste sind tolle Aufwerter im Boden, Seite 107.
— Mit anderen Materialien abdecken (z. B. Reisigzweige).
— Im Herbst auf leeren Flächen Gründüngung wie Gelbsenf, Lupine, Erbse, Klee oder Bohne aussäen, siehe Seite 107.
— Wintergemüse aussäen, siehe Seite 104.

KOMPOST VOR ZU VIEL NÄSSE SCHÜTZEN

Wenn du einen Komposter auf deinem Balkon hast, schütze ihn mit einer passenden Abdeckung. Durch zu viel stehende Nässe kann das Substrat schlecht werden, bei Frost zudem einfrieren und das Gefäß zersprengen.

RESTWASSER ENTLEEREN

Entleere Gefäße mit zu viel stehendem Wasser. Keramik kann bei Frost zerspringen. Gießkannen, die mit Wasser gefüllt sind, können platzen und rissig werden, wenn das Wasser darin gefriert. Ebenso sollte der Gummi-Gießschlauch nicht der Witterung ausgesetzt sein.

FROSTSCHUTZ KONTROLLIEREN & SCHNEE ABKLOPFEN

Frostempfindliche Pflanzen abdecken oder einpacken (z. B. Kokosmatte, Vlies). Wintergemüse wird sicherheitshalber mit einem dünnen Vlies bedeckt. Hin und wieder ist es wichtig, diesen Frostschutz zu lüften und auf Schimmelbildung zu kontrollieren. Bei zu viel Schnee macht es Sinn, diese zusätzliche Last leicht abzuklopfen.

GERÄTE & GESTÄNGE VOR WITTERUNG SCHÜTZEN

Nicht benötigte Stangen und Rankgitter zusammensammeln. Metallische Gegenstände können rosten. Die Enden von Holzstäben verwittern in der Erde und brechen ab. Geräte wie Scheren und Schaufeln gehören ebenfalls vor nassem und kaltem Wetter geschützt, regelmäßiges Säubern – und zumindest einmal im Jahr einfetten – schützt und erhöht die Lebensdauer.

MIT ABDECKUNG NACHHELFEN

Kohlarten sind ziemlich robust, wenn es um Frost und Schnee geht. Salate sind ebenfalls hart im Nehmen. Jedoch kann es bei feinerem Blattwerk von Vorteil sein, diese mit einer Abdeckung zu schützen. Für viele Hochbeete gibt es fertige, passende „Hauben". Eine durchsichtige Plastikbox darübergestülpt, tut es auch. Ebenso kann ein dünnes Vlies Wunder wirken.

Werkzeug lieber drinnen, geschützt vor der Witterung, aufbewahren.

Reisig dient auch als Nützlingsunterschlupf.

AUSSAAT & ERNTE IM JANUAR

Aussaaten Für den ersten Vitamin-Kick können indoor schon Sprossen und Microgreens gezogen und geerntet werden.

Ernten Wer im Herbst fleißig ausgesät und noch Jungpflanzen gesetzt hat, kann das ein oder andere Wintergemüse schon ernten:

— Asia-Salate, Rucola, Vogerlsalat / Feldsalat, winterharte Pflücksalate, Pastinake

— spezielle Wintergemüse wie Winterspinat, Winterkresse, Winterportulak, Winterlauch

— immergrüne Kräuter wie Thymian & Rosmarin

Tipp Winterharte Pflanzen produzieren ihr eigenes, natürliches Frostschutzmittel. Im Herbst angepflanzte Wintergemüse stellen ihren Stoffwechsel um, sodass sie robuster gegen Kälte und Frost sind. Aber Achtung! Grünes Blattgemüse sollte erst geerntet werden, sobald wieder Plustemperaturen herrschen und die Pflanze sich selbst wieder „aufgetaut" hat. Erntest du Blätter im gefrorenen Zustand, werden diese aufgetaut zu braunem Matsch.

FEBRUAR

Sprossen & Microgreens ziehen

Utensilien für erste Aussaat vorbereiten

Pflanzschilder basteln

Saatgut kontrollieren & bestellen

Sparsam gießen

Nistblöcke & Insektenhotels aufstellen

Rankgitter & Stützstäbe reinigen / erneuern

Frostschutz kontrollieren

Vlies über Wintergemüse erhöht Temperatur und fördert Wachstum

AUSSAAT & SAATGUT – WORAUF ACHTEN?

Pflanzen haben unterschiedliche Bedürfnisse beim Keimen und Heranwachsen. Licht und Temperatur spielen dabei eine entscheidende Rolle. In den meisten Fällen steht das richtige Zeitfenster auf der Verpackung. Außerdem findest du es von wichtigen Gemüsen hier im Buch auf den vorderen Klappen.

NICHT ZU FRÜH AUSSÄEN

Lichtmangel: Im Winter und zeitigen Frühjahr ist das Licht der Sonne viel schwächer und weniger. Das merken die kleinen Pflänzchen. Wird zu früh ausgesät, strecken sich Sämlinge in Richtung Fensterscheibe und wachsen ewig lang, um Licht zu bekommen. Sie vergeilen.
Krankheiten und Schädlinge: Bei zu früher Aussaat stehen die Jungpflanzen außerdem länger in der Wohnung, bis sie ins Freie ausgepflanzt werden dürfen. Je länger sie in der warmen Wohnung mit trockener Heizungsluft stehen, desto anfälliger werden sie für Krankheiten und Schädlinge.
Frost im Freien: Wird gleich direkt im Freien ausgesät, kommt es auf die nötige Keimtemperatur des jeweiligen Saatgutes an. Ist es noch zu kalt, keimt das Saatgut nicht auf und kann in der feuchten Erde verschimmeln. Es gibt insbesondere unter den Stauden und Gehölzen aber Pflanzen, die erst nach einem Kältereiz keimen (Schlüsselblume, Alpenveilchen, Kuhschelle, Christrose, Pfingstrose).

NICHT ZU SPÄT AUSSÄEN

Wird zu spät mit der Anzucht der Setzlinge gestartet, verbleiben eventuell zu wenige warme und sonnige Wochen für die Pflanze im Beet. Bei Chilis, Paprika, Auberginen, Tomaten und anderen wärmeliebenden Gemüsen hat die Frucht später nicht mehr genug Zeit, um richtig ausreifen zu können, bevor die Saison zu Ende ist.

DIE AUSSAATTIEFE

Wie tief das Saatgut in die Erde gesteckt und mit Erde bedeckt wird, hängt von der Größe des jeweiligen Samens ab. Man unterscheidet zwischen Lichtkeimern, Dunkelkeimern und Lichtneutralen. Kleinere Samen sind leicht und haben weni-

ger Energiereserven, um den Keimling in den ersten Wochen zu ernähren. Bedeckt man sie dann noch mit Erde, verbraucht das viel Energie.

1 Als Faustregel gilt: Saatgut kommt doppelt so tief in den Boden, wie es groß ist.

2 Stoßen die Setzlinge die Abdeckung der Anzuchtschale an, kann diese weggelassen werden.

Lichtkeimer

Meist kleines, feines oder sehr zartes Saatgut wie von Salaten, Möhren, Tomaten und Kräutern. Die Samen werden großzügig und nur oberflächlich auf der Aussaaterde verteilt und angedrückt. Vorsicht beim Angießen, damit sie nicht weggeschwemmt werden.

Dunkelkeimer

Überwiegend größeres Saatgut, das Dunkelheit für den Keimprozess braucht. Dieses Saatgut steckt tiefer im Substrat und muss mit Erde bedeckt werden. Dazu gehören viele Kräuter und Gemüse wie Borretsch, Kapuzinerkresse, Schnittlauch, Koriander, Feldsalat, Mangold, Bohnen, Erbsen, Kürbis, Blumenkohl.

Lichtneutrale

Diese Samen werden nur hauchdünn mit Erde bedeckt, die meisten Sommerblumen zählen dazu.

TEMPERATUR UND FEUCHTIGKEIT

Samen brauchen zum Keimen in der Regel Wärme und Feuchtigkeit. Eine Abdeckung/

1

Haube der Aussaatschalen hält Feuchtigkeit und Wärme besser zusammen. Tägliches Lüften der Abdeckung nicht vergessen, sonst entsteht Schimmel. Zusätzlich kannst du dein Anzuchtgefäß in der Nähe einer Heizung auf ein helles Fensterbrett stellen. Sind die Samen aufgegangen und die ersten grünen Keimblätter kommen zum Vorschein, kann die Abdeckung entfernt werden. Ab jetzt brauchen die Keimlinge viel Licht, um nicht zu vergeilen! (Siehe auch Seite 47.)

KEIMTEST & HYBRIDSAATGUT

Saatgutcheck – ohne Saatgut, keine Ernte

Eine gut sortierte Saatgutbox, egal, ob selbst gesammeltes oder gekauftes Saatgut, sollte zu Jahresanfang kontrolliert werden. Es können sich Fraßschädlinge eingenistet haben oder Schimmelbildung bei unsachgemäßer und zu feuchter Aufbewahrung. Oder einfach nur einen Blick auf den Bestand werfen, um zu wissen, welche Sorten du rechtzeitig nachbestellen musst.

Neues Saatgut kaufen – aber kein Hybridsaatgut!

Achte beim Kauf von Saatgut auf samenfestes, sortenfestes und nachbaufähiges Saatgut. Saatgut mit der F1-Bezeichnung sind Hybridzüchtungen, auch als Einmalsaatgut bekannt. Diese bringen zwar kurzzeitig für eine Saison entweder mehr Ertrag oder haben besonders gleichmäßig geformte Früchte, jedoch sind sie so hingezüchtet, dass sie sich nicht für die Weitervermehrung eignen. Aus Hybrid-Früchten gewonnenes Saatgut weist im Folgejahr die genannten Eigenschaften nicht mehr zuverlässig vor. Du machst dich damit abhängig von Saatgutunternehmen, weil du jedes Jahr neues Saatgut erwerben musst.

2

3

Altes Saatgut testen

Saatgut behält bei richtiger Lagerung seine Keimfähigkeit mindestens 1 bis 5 Jahre, das ist abhängig von den Pflanzenarten. Möhrensaatgut hält sich beispielsweise etwa 3 Jahre lang, Tomaten und Kürbisgewächse sind sogar über 5 Jahre keimfähig. Bei älterem und selbst gesammeltem Saatgut mache ich zur Sicherheit immer einen Keimtest, damit die Aussaat nicht umsonst ist.

Bei einem Keimtest geht es um die Wahrscheinlichkeit der Keimung von Saatgut. Je mehr Samen aufgehen, desto keimfähiger ist das Saatgut aus diesem Päckchen. Gehen nur wenige Samen auf, solltest du bei der Anzucht dies beachten und mehr davon aussäen. Saatgutproben, bei denen weniger als 50 % keimen, kannst du entsorgen.

1 + 2 Saatgut sammeln macht Spaß und ist ein nachhaltiges Hobby. Egal, ob gekauft oder selbst gesammelt. Der Erhalt der Sortenvielfalt ist wichtig.

3 Saatgut zwischen feuchtes Küchenpapier legen und in einem Plastikbeutel oder -box aufbewahren. Beschriften nicht vergessen. Das Ganze sollte immer warm und feucht gehalten werden. Radieschen keimen oftmals schon am nächsten Tag, Chilisamen brauchen etwas länger.

AUSSAAT-ERDE

ZU BEGINN NÄHRSTOFFARME ERDE

Der gekeimte Samen bildet Wurzeln, über die Nährstoffe aufgenommen werden sollen. In Anzuchterde sind generell nur wenige Nährstoffe vorhanden, damit der Setzling sein Wurzelwerk schneller ausbildet – in der Hoffnung, mehr Nährstoffe zu finden. Sobald der Setzling nach den ersten zwei Keimblättern seine pflanzentypischen Blätter bekommt, darf umgetopft und / oder schonend gedüngt werden.

WURZELN BRAUCHEN SAUERSTOFF

Eine gute Sauerstoffversorgung in der Erde ist für das Wurzelwachstum wichtig. Ist das Anzuchtsubstrat zu schwer und patzig, klebt es an den Wurzeln und verringert die Sauerstoffaufnahme. Wird das Substrat mit leichtem Material aufgelockert (z. B. Vermiculit), kommt der Sauerstoff besser an die Wurzeln.

VERMICULIT

Ein durch Hitze aufgeblähtes Tonschiefergranulat. Dieses mineralische und sehr leichte Granulat bringt bei der Anzucht viele Vorteile. Es kann pur oder gemischt mit Anzuchterde verwendet werden.

— saugt sich wie ein Schwamm voll und hält die Feuchtigkeit
— Saatgut bleibt gleichmäßig feucht
— ist keimfrei, schimmelt nicht und ist nahezu pH-neutral
— reduziert die Trauermückenpopulation. Vermiculit auf die Oberflächen gestreut, hält Trauermücken davon ab, ihre Eier dort abzulegen (siehe auch Seite 50).
— ist luftdurchlässig, lockert den Boden auf
— reflektiert an der Oberfläche das Licht, welches im grauen Frühjahr von Wichtigkeit ist
— ist wärmeisolierend und somit ein guter Wärmespeicher

AUSSAAT-TÖPFE: VOR- UND NACHTEILE

TOPF	VORTEILE	NACHTEILE
Plastiktöpfe, Anzuchtschalen	einmalige Anschaffung, wiederverwendbar keimfrei, schimmelt nicht	Aufbewahrung bei Nichtgebrauch Luftzufuhr an Wurzeln nicht optimal Trauermückengefahr Wurzelverletzung beim Umtopfen
Kokosquelltabletten	bessere Luftzufuhr an Wurzeln direktes Einsetzen ins Beet möglich weniger Trauermücken unterwegs	nicht wiederverwendbar, muss jedes Jahr neu gekauft werden nur 1–2 Saatkörner pro Quelltablette Schimmelgefahr
Zellulose-(Torf)-Töpfe	bessere Luftzufuhr an Wurzeln direktes Einsetzen ins Beet möglich	nicht wiederverwendbar, muss jedes Jahr neu gekauft werden oft Torf enthalten Schimmelbildung am Topf
Selbst gefaltete Papiertüten, Eierkartons, Pappbecher, Klopapierrollen etc.	Upcycling, keine extra Anschaffung nötig Luftzufuhr an Wurzeln gegeben direktes Einsetzen ins Beet möglich	nicht wiederverwendbar, muss jedes Jahr neu gesammelt / gebastelt werden erhöhte Schimmelbildung
Erdtopfpresse – Anzucht ohne Topf	einmalige Anschaffung der Presse, wiederverwendbar & langlebig ressourcenschonend bessere Luftzirkulation, da kein Topf keine Schimmelbildung wenig bis keine Trauermücken direktes Einsetzen ins Beet	anfangs evtl. mehr Zeitaufwand nötig, bis Routine beim Pressen da ist Erdwürfel können zerfallen, wenn Erdmischung nicht richtig gepresst und zu trocken ist

Anzuchtschale mit mehreren Slots und Haube.

Größerer Plastiktopf fürs Umtopfen.

Selbst gefaltene Töpfchen aus Zeitungspapier.

Saatgutschalen aus einem Zellulose-Gemisch.

Mit der Erdpresse geformte Erdwürfel.

Kokosquelltabs zur Einzelaussaat.

AUSSAAT & ERNTE IM FEBRUAR

AUSSAAT INDOOR

— Chili
— Paprika
— Aubergine / Melanzani
— Physalis
— Lauch
— Knollensellerie

AUSSAAT DIREKT INS FREIE

Es empfiehlt sich, eine Abdeckung (Haube oder Vlies) für frostige Nächte anzubringen.

— Spinat
— Rucola
— Vogerlsalat / Feldsalat
— Asia-Salate
— Pflücksalate
— Radieschen
— Pastinake

ERNTE

— Asia-Salate
— Rucola
— Vogerlsalat / Feldsalat
— winterharte Pflücksalate
— Pastinake
— spezielle Wintergemüse wie Winterspinat, Winterkresse, Winterportulak, Winterlauch
— immergrüne Kräuter wie Thymian und Rosmarin

Tipp Damit du länger etwas von deinen Salaten hast (gilt für alle Sorten), empfehle ich dir nicht die ganze Salatpflanze herauszunehmen oder abzuschneiden. Ernte immer nur die äußeren Blätter. So bleibt die Mitte, das Herz der Pflanze, intakt und kann weiter frische Blätter zum Ernten entwickeln. Nur an frostfreien Tagen ernten.

Pflücksalate kannst du in Reihen aussäen oder wild übers Beet streuen.

Zu eng gesetzte Salate musst du auslichten …

… oder oft ernten, damit sie mehr Platz haben.

MÄRZ

Balkon reinigen

Schmutz & Laub wegräumen

Pflanzgefäße kontrollieren / reinigen

Mulchschicht entsorgen / erneuern

Pflanzenreste in die Erde einarbeiten

Neue Hochbeete befüllen

Alte Erde mit Kompost mischen

Frostschutz lüften – Schimmelgefahr

Erdbeerpflanzen pflegen

Obstbäume & Beerensträucher auslichten

Erste Blattläuse sind unterwegs

Balkon bienenfreundlich gestalten

BALKON & BEETE VORBEREITEN

Der Frühling klopft schon leise an die Türe, die Sonnenstunden nehmen zu und die Temperaturen laden zum Arbeiten im Freien ein.

MÖBEL & BODEN

Die Balkonmöbel können schon ausgepackt werden und eine grobe Grundreinigung vom Balkon steht an. Boden aufkehren und alles feucht wischen. Fensterscheiben können ebenfalls geputzt werden.

Möbel und Böden aus Holz sollten einmal im Jahr mit einem farblosen Öl angestrichen werden. Diese Lasur schützt Holz vor zu schneller Verwitterung und macht es langlebiger. Hochbeete aus Holz freuen sich ebenfalls über eine neue Schicht Schutzöl.

ZUBEHÖR

Wer seinen Gießschlauch drinnen gelagert oder seine Bewässerungsanlage über den Winter abgebaut hat, kann diese wieder herausholen und installieren. Prinzipiell einmal alle Gerätschaften testen, ob sie noch einwandfrei funktionieren.

TÖPFE KONTROLLIEREN & REINIGEN

Zu Beginn der Saison ist es wichtig, die Töpfe einmal kurz zu kontrollieren. Sind sie durch Witterung und Frost gesprungen, müssen sie ausgetauscht werden.

Bei so manchem bepflanzten Topf schauen unten eventuell Wurzeln hervor. Das ist ein Zeichen, dass der darin gepflanzte Baum, Busch oder die Blume umgetopft werden muss. Sie brauchen in der Regel einen 2–3 cm größeren Topf.

An Tontöpfen bilden sich mit der Zeit Ablagerungen aus Kalk, Algen und Schmutz. Mit stark verdünntem Essigwasser lassen sich diese in Sekunden entfernen. Außen einsprühen und mit Wasser abspritzen. Bei hartnäckigen Flecken mit einem Schwamm nachhelfen. Achte nur bitte darauf, dass der Essig nicht direkt auf die Erdoberfläche gesprüht oder hineingewaschen wird. Leere Töpfe kannst du zum schnelleren Reinigen in einen Kübel mit Essigwasser tauchen.

KÜBELPFLANZEN AKKLIMATISIEREN

Frostempfindliche Kübelpflanzen (z. B. Zitronenbaum) können langsam aus dem Winterquartier geholt werden. Sie müssen wieder schonend an mehr Licht und frische Luft gewöhnt werden, sonst droht ein unschöner Sonnenbrand auf Blättern und Stamm.

SONSTIGE PFLANZENPFLEGE

Mediterrane Kräuter zurückschneiden

Neben dem Teilen ist das Zurückschneiden der Kräuter ebenso wichtig. Für einen neuen und kräftigen Austrieb die Pflanze um ein Drittel zurückschneiden. Sofern nicht ins alte Holz geschnitten wird, kann die Pflanze auch um zwei Drittel eingekürzt werden, z. B. bei Thymian, Rosmarin, Salbei und Lavendel (Vermehrung durch Stecklinge, siehe Seite 77).

Erdbeeren pflegen

Alle alten, braunen, vertrockneten und kranken Blätter der Erdbeerpflanzen entfernen. Rupfe nicht zu wild, das Herz und die jungen frischen Austriebe dürfen nicht verletzt werden. Sobald im Frühjahr Fruchtansatz zu sehen ist, mit Stroh mulchen. Immer wieder Blätter auslichten, damit die Früchte mehr Sonne zum Ausreifen bekommen (Erdbeeren mit Ablegern vermehren, siehe Seite 77).

1 Es muss nicht super perfekt gestrichen werden.

2 Unterschied: gereinigter Topf und Topf mit Ablagerungen.

3 Lavendel: nicht ins alte Holz schneiden.

1

2

3

BEETE VORBEREITEN

Mulch im Beet entfernen Reisigzweige, Herbstlaub, Stroh, Rindenmulch etc. haben hervorragend über den Winter gedient und können in die Erde eingearbeitet oder entfernt werden. Bei Bedarf im Laufe der Saison wieder neuen Mulch auftragen (siehe Seite 82).

Gründüngung einarbeiten Wer im Vorjahr fleißig Gründüngung gesät hat (siehe Seite 107) oder bei wem noch andere Pflanzenreste im Beet stehen, sollte diese nun in die Erde mit einarbeiten. Abgestorbenes Pflanzenmaterial dient quasi als Futter für die Kleinstlebewesen und belebt den Boden.

Erde auffüllen Erde sackt mit der Zeit immer wieder ein wenig ein. Ich fülle diese fehlenden Zentimeter mit frischem Kompost auf. So ist das Beet nicht nur wieder gut bis oben gefüllt, sondern bekommt einen Schub an Nährstoffen dazu.

Verdichtetes Erdreich Kleine Töpfe oder Blumenkästen können mit der Zeit sehr kompakt durchwurzelt werden, sodass kein Umgraben mehr möglich ist. Oft ist vor lauter altem Wurzelwerk keine Erde mehr zu sehen. Hier den kompletten Inhalt entleeren und mit neuer Erde befüllen.

ERDE VOM VORJAHR AUFWERTEN – MEINE 3 LIEBSTEN MÖGLICHKEITEN

1. Alte Erde mit Komposterde aufwerten Mische zu deiner alten Erde frischen Kompost hinzu. Trage eine dickere Schicht auf die Erdoberfläche auf und arbeite diese leicht in die alte Erde ein.

2. Gründüngung und Pflanzenreste in der Erde belassen Abgestorbene Gründüngung und alte Pflanzenreste (zumindest das Stammende und das Wurzelwerk) bis zur neuen Saison in der Erde belassen. Die Mikroorganismen freuen sich über solche toten Pflanzenreste zum Zersetzen.

3. Zudüngen mit organischen Düngemitteln Kompost ist einer der besten organischen Düngemittel. Es gibt jedoch noch viele andere Naturdünger, mit denen Erde aufgewertet und Pflanzen gut versorgt werden können: Wurmhumus, Schafwollpellets, Pflanzenjauche, Hornspäne, Biofaser (Stroh mit Pferdemist / Kuhmist). Vorteil: Sie werden bei der Zersetzung langsam an die Erde abgegeben, nicht so schnell ausgeschwemmt und haben Langzeitwirkung.

1 Leerer Beetkasten.

2 Mit Folie auslegen und Löcher hineinstechen.

3 Noppenfolie zuschneiden und einlegen.

4 Drainage darauf verteilen.

5 Wasserdurchlässiges Vlies nicht vergessen.

6 Platz für Mulchschicht einplanen.

NEUE HOCHBEETE BEFÜLLEN

Eine gut durchdachte Schichtung verschiedenster Materialien schützt nicht nur dein Hochbeet vor zu schneller Verwitterung, sondern hält auch deinen Balkon sauber und sorgt für optimale Bedingungen für deinen Gemüseanbau.

Ich verrate dir, wie ich meine leeren Beetkästen innen auskleide und befülle. Worauf du dabei achten solltest, woher du die passenden Materialien dazu bekommst – und aus welchem Grund ich es genauso mache.

Wasserabweisende Folie

Zum Auskleiden von einem Beet verwende ich eine feste und stabile Folie. Am besten eignet sich dazu Teichfolie, die es als Meterware im Gartencenter oder Baufachmarkt zu kaufen gibt. Diese Folie sollte wasserabweisend sein, damit die Feuchtigkeit in der Erde nicht ständigen Kontakt zur Beetwand hat. Ist das Beet aus Holz, würde die andauernde Feuchtigkeit das Verwittern beschleunigen. Vergiss nicht, nach dem Auslegen und Befestigen der Folie (Antackern) Löcher in den Boden hineinzustechen, damit überschüssiges Wasser unten abfließen kann. Hinweis: Teichfolie ist zwar aus Plastik, jedoch genau für den Einsatz mit Wasser und Erde konzipiert. Die Stabilität der Teichfolie garantiert eine längere Lebensdauer als eine andere dünne PVC-Folie, die sich unter den Gegebenheiten auflöst.

Noppenfolie (optional)

Auf den Boden der ausgelegten Folie lege ich eine Noppenfolie. Diese ist gewellt und dient ein wenig als Wasserspeicher. So wird Wasser aufgefangen und für später gespart, aber die Wurzeln stehen trotzdem nicht im Nassen. Auch die Noppenfolie sollte Löcher haben, damit zu viel Wasser abfließen kann. Ebenfalls im Baumarkt und Gartencenter zu bekommen.

Drainage

Als Drainage verwende ich Tongranulatkugeln. Diese speichern Wasser und schützen gleichzeitig vor Wurzelfäulnis. Gibt es in jeder Pflanzenabteilung. Alternativ kannst du gesprungene Tontöpfe upcyceln und deren Scherben hineinschichten.

Vlies

Ein Vlies dient dazu, dass sich die darauffolgende Erde nicht mit der Drainage und dem Wasserspeicher vermischt. Ohne Vlies würde die Erde nach jedem Gießen weiter nach unten geschwemmt werden und infolgedessen bei den Löchern unten am Beet heraustreten und den Boden verschmutzen. Das Vlies gibt es als dickes Gartenvlies und Meterware in Garten- und Baufachmarkt.

Erde

Für Hochbeete und andere Gefäße auf dem Balkon empfehle ich dir, dich wirklich für hochqualitative torffreie Erde zu entscheiden. Die Erde und das Wurzelwachstum sind in einem Gefäß begrenzt und so holst du wirklich das Beste aus deinen Pflanzen heraus!

Ist die Erde einmal drinnen, muss sie nicht jedes Jahr gewechselt werden. Sie sackt von Jahr zu Jahr ein wenig ab und so kannst du immer wieder neuen reinen Kompost unter die alte Erde mischen.

Mulch (optional)

Eine Mulchschicht wirkt Wunder. Sie sollte auf jedem Beet und vor allem auf leeren Beeten liegen! Diese sorgt dafür, dass der Boden nicht auslaugt, das Leben in der Erde erhalten bleibt und die Gesundheit und Nährstoffe bewahrt bleiben.

Die Insektentränke regelmäßig säubern und frisch befüllen.

Mit insektenfreundlichen Blumen Bienen zum Nistblock anlocken.

Insekten lieben blühende Kräuter wie Minze und Basilikum.

Sonnenblumen dienen zuerst als Bienenbuffet, danach als Vogelfutter.

Den Balkon bienenfreundlich zu gestalten, ist eine einfache, aber bedeutende Möglichkeit, um die bedrohten Bestäuber zu unterstützen.

BIENEN SIND ROTBLIND
Wer Bienen aktiv anlocken möchte, sollte vermehrt Pflanzen mit gelben und blau-violetten Blüten setzen. Diese Farben sehen sie am besten. Rote Blüten sehen sie als schwarze. Sonnenblume, Lavendel und blühender Buschbasilikum gehören zu meinen Lieblingen. Der Lavendel duftet herrlich und ist vielseitig einsetzbar.

EINHEIMISCHE UND UNGEFÜLLTE BLÜTEN
Bienen lieben heimische Pflanzen, Wildblumen, blühende Kräuter und „Unkräuter". Lass zur Abwechslung doch mal einen Teil deiner Kräuter blühen, anstatt sie abzuernten!
Sehr wichtig ist der Aufbau der Blüte, dieser sollte einfach und ungefüllt sein. Züchtungen mit gefüllten Blüten (Pfingstrose) sind wertlos. Auch an die Pollen von Geranien und Petunien kommen sie so gut wie gar nicht heran. Forsythien sind der größte Reinfall für Bienen – eine gelbe Blütenpracht mit trockenen Blüten (ohne Nektar, ohne Pollen). Flieder und Magnolie haben zu wenige Pollen.

BIENEN BRAUCHEN WASSER
Sie bedienen sich am Morgentau und den übrig gebliebenen Regentröpfchen an den Blättern. An heißen Tagen freuen sie sich über zusätzlich aufgestellte flache Trinkmöglichkeiten.

UNTERSCHLUPF & NISTHILFE
Wer Wildbienen eine Nisthilfe anbieten möchte, muss unbedingt auf die Qualität dieser Produkte achten. All-In-One „Insektenhotels" mit Stroh, Zapfen und Schlitz sind nutzlos. Diese werden von den dafür gedachten Tieren nie besiedelt. Bienen brauchen nur Röhren mit sauberen, unausgefransten Eingängen. Ich empfehle einen einfachen Nistblock. Die Röhren sollten im besten Fall länger als 9 cm sein, damit sich ausreichend Weibchen für eine weitere Fortpflanzung entwickeln können. Wähle verschiedene Durchmesser, um verschiedene Wildbienen zu unterstützen: 2–4 mm für kleine Wildbienenarten (z. B. Maskenbienen), 4–7 mm für die weitverbreitete Mauerbiene, 8–10 mm für größere Wildbienenarten wie Holz- und Pelzbienen.

VERZICHT AUF INSEKTIZIDE & PESTIZIDE
Setze auf naturbelassene Produkte und naturnahe, biologische Schädlingsbekämpfung.

OBSTGEHÖLZE SCHNEIDEN

Der Schnitt von Obstgehölzen ist wichtig, um die Gesundheit der Pflanze zu bewahren und den Ertrag zu optimieren. Ebenso kann durch den richtigen Schnitt das Wachstum kontrolliert werden.

OBSTBAUMSCHNITT AUF EINEN BLICK

ERZIEHUNGS-FORMEN	WANN	WER	ZIEL
Verjüngungs-schnitt	Februar bis März, an frost-freien Tagen	ältere und / oder vernachlässigte Bäume	den Baum wieder vital und pro-duktiv machen, neues Wachs-tum fördern. Es ist ein stärke-rer, radikaler Schnitt von alten und überalten Ästen.
Fruchtholz-schnitt	Februar bis März, an frost-freien Tagen	ältere Bäume, die wenig Früch-te tragen	Bildung von mehr Fruchtholz. Alte, nicht produktive Äste werden weggeschnitten, um die Bildung neuer Fruchttriebe zu fördern.
Sommerschnitt	Juni bis August	Obstbäume (Apfel, Birne, Pflaume, Kirsche)	zur Wachstumskontrolle und Belichtung der Früchte für bes-seres Ausreifen
Winterschnitt	November bis März, an frost-freien Tagen	Obstbäume (Apfel, Birne, Pflaume, Kirsche)	Zur Förderung von Wachstum und Vitalität. Im Winter sind Bäume in der Ruhephase. Ohne Laub sind die Äste gut sichtbar.

1 + 2 Vorher / Nachher: Johannisbeere unten auslichten. So bekommt sie und andere darunter gesetzte Pflanzen (wie z. B. Erdbeeren) mehr Luft und Licht.

Geschnitten wird bei allen Erziehungsformen immer nur an frostfreien Tagen, um keine Folgeschäden zu riskieren!

WAS WIRD ABGESCHNITTEN?

— tote, kranke und abgestorbene Äste
— nach innen wachsende Äste (in die Baumkrone hinein)
— Äste, die sich kreuzen
— Konkurrenztriebe, die direkt nebeneinander wachsen
— nach unten wachsende Äste
— richtig steil nach oben wachsende Äste (Wasserschosse, Wildtriebe)

BEERENSTRÄUCHER SCHNEIDEN

Allerspätestens im März, am besten noch vor dem Austrieb, sollten die Beerensträucher geschnitten sein. Wer das nicht schon im Herbst getan hat, sollte nun Himbeere und Johannisbeere schneiden (siehe Seite 122). Rückschnitt erfolgt immer nur an frostfreien Tagen.

Brombeere

Brombeeren kannst du im Herbst (Oktober) und im Frühjahr (März) schneiden. Wer auf Nummer sicher gehen will, schneidet seine Brombeeren erst im März, denn die alten Triebe schützen die jungen vor Kälte und Frost.

1

1 Vorhandene Blüten können bei zu langen Kälteperioden oder Minustemperaturen wieder abfallen.

2 Knoblauch stecken ist einfach. Wächst von selbst und hält Schädlinge ab.

3 Salate wachsen im Frühjahr am besten, da es noch nicht zu heiß ist.

Beim Rückschnitt werden nur die alten Ruten bodennah abgeschnitten, also die Früchte getragen haben. Die anderen jungen Triebe bleiben erhalten. Wenn die Ruten im Sommer Seitentriebe bekommen und zu wild wachsen, kannst du einen Erziehungsschnitt durchführen. Dazu die Seitentriebe bis auf drei Augen zurückschneiden.

2

Ribisel / Johannisbeere (rote & weiße Sorten)

Der Rückschnitt der Johannisbeeren erfolgt bei mir im Frühjahr. Durch den Schnitt wird der Neuaustrieb der Pflanze angeregt. Jeder Schnitt bei jeder Pflanze braucht anfangs Überwindung. Die Zeit und Erfahrung geben einem immer mehr Sicherheit.

— Johannisbeeren tragen ihre Früchte am liebsten am 2- und 3-jährigen Holz

— die stärksten 3–6 Triebe bleiben stehen, alle anderen werden entfernt

— abgetragene Seitenäste, die älter als 3 Jahre sind, werden entfernt

— alle Triebe um ein Drittel einkürzen

3

Achte beim Rückschnitt der Ribisel darauf, dass dieser nicht ganz am Ende des Triebes erfolgt, sondern immer noch ein kleiner Stummel stehen bleibt, damit neuer Austrieb erfolgt. Nach dem Schnitt im Frühjahr kräftig düngen.

AUSSAAT & ERNTE IM MÄRZ

Aussaat auf der Fensterbank Wirklich letzte Möglichkeit: Paprika, Chili und Aubergine auf dem Fensterbrett auszusäen. Außerdem:
— Tomate
— Kräuter (Basilikum, Koriander, Petersilie, Dill)
— Kartoffeln treiben lassen
— Rote Rübe / Rote Bete
— Knollensellerie
— Stangensellerie
— Kohlrabi

Aussaat direkt im Freien Knoblauch stecken; braucht kein eigenes Beet, überall hinzu, wo er Platz hat und passt. Außerdem:
— Karotte / Möhre
— Pastinake
— Radieschen
— Spinat
— Mangold
— Lauchzwiebel

Tipp Beethaube oder Folienzelt für kalte Tage oder frostige Nächte bereithalten.

Salate für den Balkon Asia-Salate sind kälteresistent und können schon ab März direkt ausgesät werden. Treiben im Sommer leider schnell aus, aber können ab Juli wieder für die Winterernte ausgesät werden. Außerdem:
— Wintersalate (Winterportulak, Winterkresse)
— Pflücksalate (Eichblatt-Salate, Batavia-Salate, Lollo-Salate)
— Romana-Salat
— Rauke / Rucola

Ernte Kopfsalate müssen nicht als Ganzes geerntet werden. Diese können ebenfalls schon vorher Blatt für Blatt geerntet werden. Außerdem:
— Rucola
— Asia-Salate
— Pflücksalate
— Vogerl- / Feldsalat
— Spinat
— Mangold
— Winterpostelein
— Winterkresse
— Kräuter wie Rosmarin, Thymian, Salbei, Schnittlauch, Petersilie

APRIL

Setzlinge pikieren, umtopfen und abhärten

Regelmäßig gießen

Schädlinge im Auge behalten

Zitruspflanzen frühlingsfit machen

Pflanzen aus dem Winterquartier holen

Kübelpflanzen & Stauden düngen

Balkon bienenfreundlich gestalten

Mehrjährige Kräuter zurückschneiden

Kräuter umtopfen / teilen

1

JUNGPFLANZEN PFLEGEN

Die Freude ist groß, sobald die ersten Blätter endlich aus der Erde geschossen kommen. Nun heißt es, die kleinen Keimlinge zu beobachten und zu pflegen, sodass sie sich zu gesunden und großen Setzlingen weiterentwickeln.

VOM KEIMLING ZUM SETZLING: KEIMBLÄTTER & JUNGBLÄTTER

Das erste Blattpaar, das sich nach dem Keimprozess entwickelt, sind die Keimblätter. Diese sehen bei vielen Pflanzen oft ähnlich aus und haben meist eine andere Form, als du es von der Pflanze vom späteren Wuchs kennst.

Auf die beiden Keimblätter folgen die für die Pflanze charakteristischen Blätter, auch Jugendblätter genannt. Wenn diese Jugendblätter dann gut entwickelt sind, ist der Keimling ein Setzling und bereit für den nächsten Schritt.

WANN PIKIEREN, UMTOPFEN UND DÜNGEN? MEINE 3 ANHALTSPUNKTE!

— Blätter: Wie zuvor genannt, ist das Wachstum der Blätter ein eindeutiges Zeichen. Die nach den Keimblättern ersten eigenen, für die Pflanze charakteristischen Blätter sind ein gutes Zeichen. Dann wird der Keimling zum Setzling und braucht mehr Nährstoffe.

— Wurzelwachstum: Das Ausmaß an Wurzeln in der Erde ist ebenfalls ein wichtiges Zeichen. Leider ist das in dunklen Kunststoffgefäßen nicht so leicht zu erkennen. In Töpfen aus organischem Material oder bei Erdwürfel aus der Erdballenpresse sind die Wurzeln besser zu erkennen. Wachsen diese heraus, ist es Zeit zum Umtopfen.

1 Wurzelwachstum sagt viel über den Wachstumsfortschritt aus.

2 + 3 Zu lang gewachsene oder abgebrochene Setzlinge können bei bestimmten Gemüsen durch erneutes oder tieferes Einsetzen gerettet werden.

2

3

Zu dicht gesetzte Kräuter müssen in eigene Töpfchen pikiert werden.

In einem Wasserbad lassen sich Wurzeln problemlos voneinander trennen.

— Platzmangel: Wenn das Saatgut dicht ausgesät wird, herrscht im Anzuchttopf nach der Keimung schnell Platzmangel, bevor die Jugendblätter überhaupt gewachsen sind. Auch dann empfiehlt es sich schon, die kleinen Sprösslinge zu vereinzeln und ihnen für neues Blattwerk mehr Platz zu schaffen. Beim nächsten Mal besser nicht zu dicht aussäen.

Anleitung: pikieren & umtopfen

Um die kleinen Setzlinge vereinzeln und umtopfen zu können, müssen sie mit viel Fingerspitzengefühl aus der Anzuchtschale herausgelöst werden. Das zarte Pflänzchen sowie das Wurzelwerk sollten nicht schwerwiegend verletzt werden. Mit einem Pikierstäbchen oder einer Gabel kannst du den Erdballen von unten aus dem Gefäß herauslösen. Danach die einzelnen Pflänzchen voneinander entwirren.

Das geht einfach in einem warmen Wasserbad. Lege dazu den ganzen Erdballen samt Pflänzchen in lauwarmes Wasser. Die Erde löst sich und das Wurzelgeflecht und die Setzlinge lassen sich so sehr leicht voneinander trennen.

Bekommt der Setzling danach zu wenig Licht, wächst er immer länger und länger in Richtung Fenster, um mehr Tageslicht zu bekommen. Man nennt diese unnatürliche Wuchslänge „Geilwuchs". Vergeilte Setzlinge von Gurken, Tomaten, Bohnen und Erbsen kannst du retten, indem du sie beim Umtopfen etwas tiefer in die Erde setzt. Sie entwickeln am Stamm unter der Erde weitere Wurzeln und der Stand ist wieder stabiler.

Bei Kopfsalaten und einigen Kohlsorten geht dieser Trick leider nicht, da das „Herz" der Pflanze über der Erdoberfläche bleiben muss. Diese Setzlinge sollten daher kühler stehen.

Die ersten Tage des Abhärtens: Setzlinge eher schattig und windgeschützt akklimatisieren lassen.

Ein wenig Komposterde mit Wasser vermischt, ergibt einen leichten Düngertee für junge Setzlinge.

Erste Düngung – wann & wie?

Wenn der Setzling seine charakteristischen Blätter bekommen hat, ist meist das Wurzelwerk auch schön ausgebildet und bereit für Nährstoffe. Anfangs wird nur leicht gedüngt, mit sanften Teeauszügen.

— Komposttee / Kaltauszug: Reine Komposterde ist für die feinen Wurzeln zu scharf, deshalb empfiehlt sich für die erste Düngung ein stark verdünnter Kompost- oder Wurmtee (aus Wurmhumus). 2–4 EL reine Komposterde in 1 Liter Wasser einrühren und über Nacht durchziehen lassen. Am nächsten Tag kann dieser Kaltauszug unverdünnt vergossen werden.

— Brennnesseltee: Brennnesselblätter (4 EL getrocknete Blätter / 2 Teebeutel) mit 1 Liter heißem Wasser aufgießen und 24 Stunden ziehen lassen. Deine Setzlinge damit löffelweise gießen.

SETZLINGE ABHÄRTEN

Setzlinge dürfen nicht von heute auf morgen ins Freie gesetzt werden. Im Freien herrschen ganz andere Gegebenheiten als in der Wohnung: Wind, Sonne, frische Luft. Der Setzling kennt keinen starken Wind und ist dementsprechend noch nicht dagegen aufgebaut. Mit der Zeit passt er sich an und stabilisiert seinen Stand. Genauso wenig kennt der Setzling direkte Sonneneinstrahlung und kann bei direkter Sonne einen Sonnenbrand bekommen. Das Blattwerk trocknet aus, „verbrennt“, wird weiß-gräulich und verwelkt. Stelle ihn anfangs daher in den Halbschatten und weite die Sonnenstunden aus. Gewöhne deine Setzlinge Stunde für Stunde, Tag für Tag an immer mehr Wind und immer mehr Sonnenlicht, dann können sie sich gut an die neue Umgebung gewöhnen.

1

2

NACH SCHÄDLINGEN AUSSCHAU HALTEN
Gerade junge Pflanzen sind anfälliger für Schädlinge. Kleine Schäden stecken sie nicht so leicht weg, als wenn sie schon groß gewachsen wären. Falsche Gegebenheiten wie zu warme und zu trockene Heizungsluft sowie feuchte Erde erleichtern es den Schädlingen. Oftmals werden sie erst erkannt, wenn es für die feinen Wurzeln und zarten Pflänzchen schon zu spät ist. Kontrolliere deshalb deine Setzlinge täglich.

Trauermücken – weil feucht & warm
Trauermücken legen ihre Eier am liebsten in feuchten und warmen Oberflächen ab. Das immerfeuchte und warme Anzuchtsubstrat ist ihr Lieblingsplatz. Aber Achtung, die Larven ernähren sich von den Wurzeln der Setzlinge. Auf den ersten Blick nicht gleich erkennbar, da sie unter der Erde ihr Unwesen treiben. Verwelkt der Setzling an der Oberfläche, da keine Wurzeln mehr dran sind, ist es schon zu spät.
Vorbeugen & Bekämpfen: Qualitativ hochwertige Erde, richtige Lagerung der Erde, Gelbsticker aufstellen, Sand oder Vermiculit auf die Erdoberfläche streuen und im Notfall Nematoden gießen (natürliche Schädlingsbekämpfung).

Spinnmilben – weil trockene Heizungsluft
Spinnmilben sind Sauger auf der Unterseite der Blätter und lieben trockene Heizungsluft. Auch an heißen trockenen Sommertagen vermehren sie sich im Freien rasant. Je früher sie erkannt werden, desto besser.

Im Anfangsstadium sind sie kaum zu erkennen, bei genauem Hinsehen können kleine weiße Punkte an der Blattoberseite und kleine bröselartige Tierchen an der Blattunterseite erkannt werden. Meist bemerkt man sie erst, wenn das Blatt immer welker wird und die Spinnfäden mit Bröseln deutlicher sichtbar sind.

Vorbeugen & Bekämpfen: befallenes Blatt entfernen, die restlichen Blätter mit Neemöl an der Blattunterseite besprühen. Auf dem Balkon helfen Nützlinge wie Florfliegen, Raubmilben, Spinnen und Marienkäfer.

Blattläuse – weil geschwächte Pflanze

Blattläuse sind ebenfalls Sauger. Bei großen, gesunden Pflanzen müssen sie nicht sofort bekämpft werden. Im Freien gibt es meist genug natürliche Fressfeinde, die die Population eindämmen; werden sie zu einem größeren Problem, kann hier gehandelt werden.

Bei Setzlingen in der Wohnung sollte gleich gehandelt werden, an den kleinen Pflänzchen können wenige Blattläuse schon enormen Schaden anrichten (siehe auch Seite 62).

Bekämpfen: stark befallene Blätter entfernen, die restliche Pflanze mit Brennnesselsud und / oder Neemöl besprühen.

1 Eine Sandschicht hindert die Trauermücken an der Eiablage in der Erde.

2 Gelbstickertafeln minimieren die Population von Trauermücken.

3 Der Echte Mehltau, zu erkennen an runden Flecken an der Blattoberseite.

4 Fortgeschrittener Spinnmilbenbefall. Bröselartige Tierchen, die an der Blattunterseite saugen.

5 Grüner Blattlausbefall auf einem lila Basilikumblatt.

Nicht jeder Engerling ist ein Schädling.

Der Rosenkäfer-Engerling ist ein Nützling.

ENGERLINGE IN DER ERDE

Engerlinge sind die Larven von Käfern. Oft trifft man beim Umtopfen oder Umgraben der Erde auf diese dicken weißen Maden. Aber nicht jeder Engerling ist ein Schädling. An ihrer unterschiedlichen Fortbewegungsart kann man die Nützlinge von den Schädlingen auseinanderhalten.

Achte darauf, ob er sich in Seitenlage, Bauchlage oder Rückenlage davonschlängelt. Lege den Engerling dazu auf eine glatte Oberfläche. Warte, bis er anfängt, sich fortzubewegen.

Die drei gängigsten Engerlinge

— Larve vom Rosenkäfer: ist nützlich und kein Schädling. Bewegt sich in Rückenlage fort.

— Larve vom Maikäfer: ist ein Schädling. Bewegt sich seitlich gekrümmt in Seitenlage fort.

— Larve vom Junikäfer: ist ein Schädling. Bewegt sich in Bauchlage fort.

Maulwurf und Wühlmaus haben wir auf dem Balkon nicht, deshalb müssen die Engerlinge per Hand aussortiert oder mit Nematoden bekämpft werden.

Erbsen über Nacht in Wasser einlegen.

Wenn nötig, Setzlinge vereinzeln.

AUSSAATEN IM APRIL

Aussaat auf der Fensterbank
— Zucchini
— Gurke
— Basilikum
— Kapuzinerkresse (oder mit Abdeckung gleich im Freien)

Aussaat und Pflanzung direkt im Freien
— Zuckererbsen und Bohnen – weiche das getrocknete Saatgut über Nacht ein, bevor du es in die Erde steckst, so keimt es schneller
— Kohlrabi – wie wär es mal mit einer Sorte mit lila Knolle?
— Mangold, Spinat
— Karotte / Möhre
— Pastinake
— Radieschen
— Rote Rübe / Rote Bete
— Lauchzwiebel
— Endiviensalat
— Vogerl- / Feldsalat
— Pflücksalate, Rucola
— Dill
— Koriander
— Petersilie
— Schnittlauch
— Kresse

ZUTATEN

1. Schnittlauch-Jausenbrot
Schwarzbrot
Butter o. Ä.
frischer Schnittlauch

2. Radieschenpesto für 1 mittelgroßes Glas (180 g)
zwei Hände voll Radieschengrün
eine Handvoll Nüsse (Cashewkerne, Mandeln, Pinienkerne)
1 Knoblauchzehe
50 ml Öl (z. B. hochqualitatives Olivenöl)
optional 1 EL Hefeflocken

Schnittlauch und Radieschen gehören zu meinen absoluten Frühlings-Lieblingen.

1. JAUSENBROT-KLASSIKER

Dazu einfach den Schnittlauch auf einem Brett fein schneiden und ein mit Butter oder Aufstrich beschmiertes Brot direkt in die Schnittlauchstücke drücken. So bleibt viel mehr auf dem Brot kleben und schmeckt intensiver, als wenn die Schnittlauchstücke nur auf das Brot gestreut werden.

2. RADIESCHENBLATT-PESTO MIT GERÖSTETEM RADIESCHEN-TOPPING

Radieschen gehören zu den am schnellsten wachsenden Gemüsen. Wer im zeitigen Frühjahr Radieschen unter der Vlieshaube gezogen hat, kann jetzt schon die ersten Knollen ernten. Beim Radieschen können Knolle und Blätter gegessen werden!
Da die Blätter etwas borstig sind, verarbeite ich sie zu einem Pesto. Die Radieschenknolle kannst du als Salat dazu servieren oder würfelig anbraten und über die Pesto-Pasta streuen. Gleiches Rezept funktioniert auch mit der Knolle und dem Grün des Kohlrabis.
Alle Zutaten zu einem Pesto vermixen, je nach Vorlieben können die Mengen variieren, flüssiger oder fester gemischt werden. In Schraubgläser abgefüllt und gut verschlossen, hält sich das Pesto ein paar Monate.

Weitere Kräuter & Gemüse, die du im April ernten kannst
Winterharte Kräuter wie Minze, mehrjährige mediterrane Kräuter wie Thymian, Salbei, Rosmarin; Spinat

Pflücksalate, Rucola, Asia-Salate, Vogerl- / Feldsalat, Winterportulak, früh gesäter Kohlrabi, Karotte / Möhre

MAI

Rankhilfen für kletternde Pflanzen anbringen

Setzlinge / Jungpflanzen abhärten und auspflanzen

Königsknospe entfernen (Paprika / Chili)

Erdoberfläche mulchen (Stroh, Rindenmulch)

Wasser für Insekten bereitstellen

Nach Schädlingen & Blattkrankheiten Ausschau halten

Marienkäferlarven bestellen

Pflanzenbrühe / -jauche ansetzen (Düngen & Schädlingsbekämpfung)

1

PFLANZENPFLEGE

Im Mai werden die Tage länger, wärmer und deutlich heller. Diese idealen Bedingungen beschleunigen das Wachstum der Pflanzen. Nun ist es Zeit, mit dem richtigen Schnitt und guter Pflege, mehr aus deinen Sprösslingen herauszuholen.

BESTIMMTE GEMÜSE TIEFER SETZEN
Tomaten, Gurken, Bohnen und Erbsen können beim Umpflanzen ins Freie gern ein Stück tiefer in den Boden gesetzt werden, als sie im Topf standen (ca. 5–10 cm). Sie bilden am Stamm unter der Erde weitere Wurzeln und sind dadurch stabiler in der Erde verankert, wodurch sie besser Nährstoffe aufnehmen können.

FÜR MEHR ERTRAG
Sind die jungen Pflanzen nach dem Umtopfen gut angewachsen und haben sich einige kräftige Blätter oder sogar schon die ersten Blüten gebildet, kann der richtige Schnitt den Fruchtansatz fördern.

Triebspitze abschneiden – für buschigen Wuchs

— Beispiel Gurke: Bei lang wachsenden Trieben wie bei der Gurkenpflanze, schneide ich nach 4–5 gut entwickelten Blättern die Triebspitze weg. Aus diesem Schnitt wachsen zwei weitere Triebe heraus. Somit entwickelt die Gurkenpflanze nicht nur einen ewig langen Trieb, sondern verzweigt sich zu mehreren Trieben, was wiederum mehr Fruchtansatz bedeutet. Gleiches gilt auch für die auf Balkon & Terrasse sehr beliebte Mexikanische Minigurke.
— Beispiel Chili: Die Chilipflanze profitiert außerdem von einem Schnitt der obersten Triebspitze. Dieser Schnitt regt die Pflanze dazu an, nicht nur einen Hauptstamm zu bilden, son-

1 + 2 Die Triebspitze bei Paprika abzuschneiden, fördert weiteres Wachstum.

Ein zylinderartiges Rundgitter steckt stabiler in der Erde und stützt mehr als ein einzelner Stab.

Zwei schräge Rankgitter, oben zusammengebunden, geben besseren Halt bei Wind.

dern aus den Blattachseln neue Triebe zu entwickeln. Dadurch wächst die Pflanze buschiger mit mehr Ertrag. Gilt auch für Basilikum, Paprika, Thymian, Oregano, Bohne, Minze.

Königsknospe entfernen – bei Chili, Paprika, Aubergine

Königsknospe nennt man die erste Blüte, die sich an den Gemüsen bildet. Ist erstmal eine Blüte da, geht die Energie der Pflanze dann auch weiter in die Fruchtbildung. Schneidet man nun die erste Blüte weg, verwendet die Pflanze ihre Energie in die Ausbildung weiterer Blüten und für mehr Fruchtansatz.

Rankhilfen anbringen

— Prinzipiell würde ich jede Pflanze stützen. Es schützt sie vor starkem Wind und verringert die hohe Last bei viel Ertrag.

Rosenbogen für Gemüse

Rankende Gemüsepflanzen kannst du gut über einen Rosenbogen wachsen lassen.

— Kletterpflanzen wie Bohnen, Erbsen und Gurken brauchen ein Rankgitter, um in die Höhe wachsen zu können. Lässt du die Ranken auf der Erdoberfläche liegen, droht Schimmelbildung an den Früchten.

Wer mag, kann den kleinen Setzlingen nach dem Umtopfen eine Stütze anbieten. Dieser Stab sollte jedoch später gegen einen größeren und stabileren Rankstab ausgetauscht werden.

— Bei Chili, Auberginen und Paprika reicht ein Stab aus, an dem sie angebunden werden.
— Für Tomaten und andere Gemüse / Obst, die später viele Früchte bilden, empfehle ich ein rundes Rankgitter. In die Mitte gesetzt, ist die Pflanze hier gut gegen Wind geschützt und die Äste mit schwerer Last können abgelegt werden und drohen nicht abzubrechen.

AUSGEIZEN UND AUSLICHTEN

Jede Pflanze sollte hin und wieder ausgelichtet werden. Das dient der Pflanzengesundheit und die Luft kann wieder besser zwischen den Blättern zirkulieren.
— Blätter und Triebe, die den Boden bzw. die Erdoberfläche berühren, sollten weggeschnitten werden. Das reduziert die Schimmelbildung, da sie nicht ständig mit dem feuchten Boden in Kontakt sind.
— Zu dichtes Blattwerk sollte ausgelichtet werden, damit die Luft besser zirkulieren kann und nach einem Regen die Blätter schneller trocknen können. Zu dichtes Blattwerk fördert Schädlinge, da diese hier mehr geschützten Unterschlupf haben und seltener gesichtet werden.
— Das Ausgeizen der Achseltriebe von Tomaten ist nicht zwingend notwendig und wenn, nur bei hochwachsenden Tomatensorten durchzuführen. Buschtomaten dürfen nicht ausgegeizt werden. Das Ausgeizen dient dazu, dass die Rispen – je nach Sorte – schöne, volle und größere Früchte tragen. Dazu die Triebe, die aus den Achseln am Stamm herauswachsen, einfach wegzwicken. Meiner Meinung nach ist das auf dem Balkon nicht unbedingt notwendig. Wer die Triebe in den Achseln belässt, bekommt mehr Fruchtansätze mit eventuell nicht ganz so perfekten, dafür mehr Tomatenfrüchten.

GUT GEGEN PLAGEGEISTER & ANDERE PROBLEME

Wer Nützlinge unterstützen will, Schädlinge bekämpfen muss und Düngemittel braucht, sollte dabei immer auf die Umwelt achten und nur biologische und naturnahe Produkte verwenden.

Im besten Fall kümmert sich die Natur selbst darum, alles im Gleichgewicht zu halten. Trotzdem kann bei großem Schädlings- und unschönem Pilzbefall der Natur unter die Arme gegriffen werden. Wer zur chemischen Schädlingsbekämpfung greift, tötet dabei auch Nützlinge, die ebenso wichtig für die Schädlingseindämmung und Blütenbestäubung sind. Zudem hinterlassen chemische Mittel immer einen Rückstand in der Erde, der Ernte und letztendlich auch in unserem Körper.

BLATTLÄUSE (GRÜN, SCHWARZ, ROT): BRENNNESSELN & NÜTZLINGE

Blattläuse saugen am Blatt und vermehren sich rasend schnell. Bei zu großem Befall die betroffenen Blätter wegschneiden und mit natürlichen Maßnahmen entgegenwirken.

Brennnesseljauche: 2 in 1 – Dünger und Blattlausabwehrmittel. In abgeschwächter Form kennst du die Brennnessel als Teesud zur Stärkung deiner Setzlinge. Die Brennnesseljauche ist intensiver. Sie düngt auf natürlichem Wege und hält gleichzeitig Blattläuse fern. Die gegärte Flüssigkeit wird mit Gießwasser verdünnt ausgetragen (1 : 50 verdünnen). Die Pflanze wird auf diese Weise mit Nährstoffen versorgt, das Pflanzengewebe gestärkt und gleichzeitig durch Duft und Wirkstoffe der Brennnessel die Blattläuse abgeschreckt. Keine Sorge, auf den Geschmack unserer Ernte hat es keinen Einfluss (DIY Jauchezubereitung siehe Seite 49).

Natürliche Fraßfeinde: Marienkäfer, Marienkäferlarven, Florfliegen, Florfliegenlarven und Schwebfliegen sind die Nummer 1 in der Blattlausbekämpfung. Diese können sogar online bestellt werden. Spinnen und Vögel gehören ebenso zu den natürlichen Fressfeinden der Laus.

Natürliche Schutzpflanzen: Blattläuse meiden Lavendel, Ringelblume und Thymian. Setze diese Pflanzen als Barriere. Kapuzinerkresse zieht Blattläuse an und wird als „Fangpflanze“ zur Ablenkung gesetzt.

Ameisen – professionelle Hilfe: Ameisen in Kombination mit Blattläusen können am Balkon zu einem sehr großen Problem werden. Ameisen lieben das süße und klebrige Sekret, welches die Blattlaus absondert. Die Ameisen halten sich die Blattläuse wie ein Bauer seine Kühe und melken ihren süßen Saft. Sie werden sogar extra aufgezogen und vor natürlichen Fraßfeinden beschützt.

Maßnahme: Zuerst müssen die Ameisen bekämpft werden, damit die Blattläuse minimiert werden können. Natürliche Mittel, wie mit starken Gerüchen die Ameisen zu vertreiben oder das Ameisengelege umzusiedeln, haben bei mir nicht funktioniert. Hier muss eine professionelle Bekämpfung her, bevor sie einen ganzen Feigenbaum als Bau aushöhlen, wie in meinem Fall.

1 Marienkäfer gibt es sogar im Fachmarkt zu kaufen.

2 Kapuzinerkresse zieht Blattläuse an und lenkt sie von anderen Pflanzen ab.

DICKMAULRÜSSLER: NEMATODEN & ABSUCHEN

Dickmaulrüssler sind nachtaktive Käfer (Foto Seite 64 uli). Meist wird ihr Dasein nur an den Fraßspuren erkannt (Foto Seite 64 ure). Über Nacht hinterlassen sie viele unschöne Fraßspuren an den Blättern. Zusätzlich legen sie ihre Larven in die Erde, die sich an den Wurzeln zu schaffen machen.

Maßnahme: Gegen die Larven in der Erde hilft das Ausbringen von Nematoden im Gießwasser. Käfer können durch regelmäßiges Absuchen der betroffenen Pflanzen bei Dämmerung eingedämmt werden. Ein kräftiges Schütteln an der Pflanze lässt die Käfer schnell abfallen und einsammeln. Ist ein Baum befallen, hindert hier ein Leimring das Hinaufkrabbeln der Käfer.

1

2

SPINNMILBEN: NEEMÖL & AUSLICHTEN

Sobald Spinnmilben gesichtet wurden, eine Mischung aus Neemöl mit Wasser auf das Blattwerk sprühen. Dies soll die Atemwege der Spinnmilben lahmlegen. Florfliegen, Raubmilben, Spinnen & Marienkäfer sind natürliche Fressfeinde der Spinnmilben. Siehe auch Seite 50.

SCHNECKEN: SCHADSTOFFFREIES KORN & ABSUCHEN

Schnecken werden meist mit gekauften Pflanzen und Erden durch Eier (Foto oben rechts) auf den Balkon eingeschleppt. Da sie beide Geschlechter besitzen, vermehren sie sich unheimlich schnell. Sie mit starken Gerüchen von Pflanzen abzuhalten, wird am Balkon nicht funktionieren. Wo sollen sie denn sonst hin? Ich hatte einmal eine richtige Schneckenplage. Schleimspuren über alle Polstermöbel, unbegehbarer verklebter Holzboden und jede Pflanze war abgefressen. Mit täglichem Abklauben der Schnecken oder Bierfallen (Foto oben links) bin ich nicht mehr nachgekommen.

Maßnahme: Hier hat nur noch Schneckenkorn geholfen. Achte dabei auf ein umweltfreundliches Korn, welches für deine Haustiere und deine Gemüsepflanzen unbedenklich ist (Korn auf Basis von Eisen-III-Phosphat). Du willst ja deine Ernte schadstofffrei essen.

MÄUSE: LEBENDFALLE

Sollte sich eine Maus auf deinen Balkon verirren, gibt es eine schnelle und einfache Lösung: Die Lebendfalle! Die darin gefangene Maus im nächsten Park / Wald aussetzen.

PILZKRANKHEITEN: SCHACHTELHALM & RICHTIGE BEETPARTNER

Ackerschachtelhalm ist der Allrounder gegen Pilzkrankheiten wie Mehltau, weil er die Abwehrkräfte der Pflanzen stärkt. Die Jauche dazu kannst du selber herstellen.

Da der Schachtelhalm nicht so häufig wie die Brennnessel zu finden ist, gibt es ihn als Pulver zum Anmischen oder als fertiges Spray zu kaufen. Er wird dann einfach auf die betroffenen Pflanzen aufgesprüht. Außerdem hilft er vorbeugend bei Pflanzen, die oft zu Pilzkrankheiten neigen. Ebenso sollte nach dem Rückschnitt von Bäumen und Sträuchern Schachtelhalm gesprüht werden, da hier die offenen Schnittstellen anfälliger für Pilzinfektionen sind.

Falscher vs. Echter Mehltau

Echter Mehltau: Weißlich bis grauer, mehlartiger Belag an der Blattoberseite (auch Stängel, Blüten, Früchte). Bevorzugt trockene Bedingungen mit hoher Luftfeuchtigkeit (Schönwetterpilz).
Falscher Mehltau: Gelblich bis bräunliche Flecken auf der Oberseite der Blätter. An der Unterseite grau bis violetter, schimmelartiger Belag. Bevorzugt kühle und feuchte Bedingungen und tritt häufig bei nassem Wetter auf (Schlechtwetterpilz).

Maßnahme: In beiden Fällen sollten befallene Pflanzenteile entfernt werden, um eine Ausbreitung zu verhindern. Zusätzlich solltest du die Pflanze mit einem Fungizid behandeln, gut lüften und richtig gießen – also nicht aufs Blattwerk.

Gute Nachbarn, um Pilzkrankheiten vorzubeugen, siehe Mischkultur Seite 74.

BRENNNESSELJAUCHE ZUR DÜNGUNG & SCHÄDLINGSABWEHR

DU BRAUCHST

1 klassischer Kunststoffeimer (10 Liter)
1 loser Deckel / Brett (nicht luftdicht verschließen)
1 Stab zum Umrühren
10 Liter Wasser
ca. 1 kg frische Brennnesseln oder 200 g getrocknete Blätter
1 Hand voll Gesteinsmehl

SO GEHT'S

Die Brennnesseln klein schneiden und dann im Eimer mit dem Wasser aufgießen. Das Gemisch bleibt nun so lange im Eimer, bis der nun folgende Gärungsprozess abgeschlossen ist. Je nach Witterung kann er bis zu 2 Wochen andauern.

Steht der Eimer an einem warmen und sonnigen Platz, beschleunigt das die Gärung und es bildet sich schon nach 2 Tagen der erste Schaum an der Wasseroberfläche.

Während des Gärprozesses entstehen Gase, deshalb sollte der Eimer nie luftdicht verschlossen sein. Besser einen losen Deckel oder ein Holzbrett nur leicht auflegen. Zudem beschleunigt Sauerstoffzufuhr die Gärung, daher täglich einmal umrühren. Dabei kannst du die Schaumbildung gut beobachten.

Die Zugabe von Gesteinsmehl hilft gegen den typischen Jauchegestank, der bei der Gärung entsteht. Sobald die „Suppe“ nicht mehr schäumt, ist die Jauche fertig.

Nach dem gleichen Prinzip lassen sich auch andere Jauchen, z. B. Schachtelhalmjauche, selber herstellen.

Brennnessel-Konzentrat
Wer keine Brennnesseln hat, kann sie als Konzentrat fertig kaufen. Dieses muss nur noch mit Wasser verdünnt werden und enthält in den meisten Fällen schon einen Geruchsbinder.

Zu eng ausgesätes Basilikum muss dringend pikiert und vereinzelt werden.

Auberginen und andere wärmeliebende Pflanzen erst nach den Eisheiligen hinaussetzen.

AUSSAAT & PFLANZUNG IM MAI

Den letzten Frost abwarten Mitte Mai kommen die Eisheiligen. So werden die 5 Tage genannt, an denen es noch einmal einen Temperatursturz, bis hin zu Minustemperaturen, in der Nacht geben kann. Nach diesem Zeitpunkt steht dem Auspflanzen der ersten vorgezogenen Setzlinge nichts mehr im Wege: Tomate, Zucchini, Basilikum, Mini-Kürbis, Gurke (sicherheitshalber mit Notabdeckung in kälteren Nächten).

Das Auspflanzen von sehr wärmeliebenden Pflanzen wie Paprika, Chili und Aubergine würde ich erst im Juni einplanen.

Aussaat direkt im Freien Alle Kräuter (Dill, Basilikum, Petersilie, Schnittlauch), gewurzelte Kartoffel, Erbse, Kohlrabi, Mangold, Karotte / Möhre, Pastinake, Radieschen, Rote Rübe / Rote Bete, Spinat, Stangenbohne & Buschbohne, Lauchzwiebel, allerlei Salate, Rucola, Kapuzinerkresse, Kresse

ERNTE IM MAI

Radieschen am laufenden Band! Radieschensamen am besten gleich nachsäen, sobald die ersten Blätter aus der Erde kommen. Bis diese Sämlinge zu einem erntereifen Radieschen wachsen, sind schon die nächsten Samen gekeimt und schauen aus der Erde heraus. Das Grünzeug kann ebenfalls gegessen werden, siehe Pesto-Rezept Seite 54.

Zuckererbse Warte mit der Ernte der Erbsenschoten nicht zu lange. Regelmäßiges Ernten regt das Wachstum neuer Schoten an. Zudem kannst du Zuckererbsen samt der Schote essen. Das Grünzeug samt der Blätter schmeckt ebenfalls nach Erbse und kann wie Salat zubereitet werden.

Spinat Blatt für Blatt ernten, dann hast du länger etwas davon. Immer die äußersten Blätter entfernen. Dasselbe gilt für Mangold.

Kohlrabi Vom Kohlrabi kannst du nicht nur die Knolle, sondern ebenso das Grünzeug essen. Mein Tipp: Die Knolle würfelig anbraten und über den Salat oder Pastagerichte streuen!

Beeren Je nach Witterung werden die ersten Himbeeren (Sommer-Sorte) und Johannisbeeren reif.

Weiteres zum Ernten Salate, Rucola, Asia-Salate, Kresse, Kräuter (Petersilie, Schnittlauch, Koriander, Basilikum, Liebstöckel, Minze, Thymian, Rosmarin), Karotte / Möhre

JUNI

Wärmeliebende Jungpflanzen dürfen raus

Tröpfchenbewässerung auslegen

Lavendel & Rosmarin durch Stecklinge vermehren

Schädlinge & Blattkrankheiten behandeln

Verwelkte, befallene und kranke Blätter entfernen

Regelmäßig gießen & düngen

Pflanzen hochbinden, stutzen, auslichten

Früchte vor Vogelraub & Wespenfraß schützen

Kräuter ernten & bevorraten

Immer wieder neue Saaten ausbringen

DÜNGER – WER BRAUCHT WAS?

Düngen ist ein wichtiger Bestandteil der Pflanzenpflege, besonders auf dem Balkon, wo der verfügbare Raum und die Nährstoffquellen begrenzt sind. Richtiges Düngen hilft, gesunde Pflanzen zu fördern sowie reichlich Blüten und aromatische Früchte zu produzieren.

WER BRAUCHT WIE VIEL?

Der Nährstoffbedarf variiert von Pflanze zu Pflanze. Starkzehrer brauchen viele Nährstoffe und sollten regelmäßig gedüngt werden (siehe auch Seite 11). Schwachzehrer verbrauchen nur wenige Nährstoffe und müssen viel seltener gedüngt werden. Hast du Pflanzen mit verschiedenem Nährstoffbedarf in ein Beet gesetzt, orientiere dich an der stärksten Pflanze.

Ich orientiere mich immer am Nährstoffbedarf sowie dem Wachstumsstadium der Pflanze, und richte mich ungefähr nach diesem Zeitplan: Starkzehrer alle 2 Wochen, Mittelzehrer alle 3 Wochen und Schwachzehrer nur einmal im Monat.

AB WANN DÜNGEN?

Werden die Jungpflanzen beim Aussetzen nicht in neue Erde gesetzt, sondern in Erde vom Vorjahr, sollte diese alte Erde vor dem Einpflanzen mit organischem Dünger oder frischem Kompost angereichert werden.

Während der Wachstumsphase: Damit die Jungpflanzen gut anwachsen und in die Höhe schießen, bevor sie ihre Früchte bilden, sollte für gutes Wachstum regelmäßig gedüngt werden.

Bei Fruchtbildung: Wenn Blüten an der Pflanze zu sehen sind und die ersten Fruchtansätze gebildet werden, braucht die Pflanze viel Kraft

Keine Düngung verpassen!

Trage dir die letzte Düngung im Handy-Kalender ein und setze dir eine Erinnerung, wann die nächste Düngung für die jeweilige Pflanze oder den Pflanzentrog ansteht. So kannst du auch ein Überdüngen vermeiden.

und Energie. Spätestens dann solltest du mit der Düngung loslegen.

WELCHER DÜNGER?

Dünge mit einem organischen Dünger wie reiner Komposterde, Wurmhumus, Pflanzenjauche, Hornspäne, Biofaser (Stroh mit Pferdemist / Kuhmist), natürlichem Flüssigdünger oder Pellets aus dem Fachmarkt.

Organischer Dünger ist umweltfreundlicher und nachhaltiger. Im Vergleich zu chemischen Düngemitteln besteht organischer Dünger nur aus natürlichen Materialien. Er fördert das Bodenleben und die Bodenstruktur wird nicht ausgeschwemmt, zudem gibt er die Nährstoffe kontinuierlicher ab und gewährt dadurch eine stetige und nachhaltigere Nährstoffversorgung. Mineralische Dünger, also chemisch hergestellte, kannst du bei akutem Nährstoffmangel einsetzen, denn sie wirken schnell.

1
Flüssigdünger wird mit Gießwasser ausgetragen und ist für Pflanzen etwas schneller verfügbar.

2
Dünge-Pellets in die Erde eingearbeitet, werden zuerst zersetzt, bis sie langsam Stück für Stück ihre Wirkung abgeben.

1

2

MISCHKULTUR

Gerade am Balkon wachsen viele verschiedene Pflanzenarten in enger Nachbarschaft. Da ist eine richtige Mischkultur umso wichtiger, um letztendlich von den positiven Wechselwirkungen zu profitieren. Nicht jeder wächst mit jedem Beetnachbarn gleich gut!

Pflanzen geben verschiedene Stoffe über Blatt- und Wurzelwerk ab, haben einen unterschiedlichen Nährstoffbedarf und wachsen in verschiedenen Größen – über und unter der Erde.

Das Zusammensetzen der richtigen Pflanzen kann gesundes Wachstum fördern, Erträge und Bodenqualität verbessern, Schädlinge abwehren und die Widerstandsfähigkeit gegenüber Krankheiten verbessern.

Nährstoffbedürfnisse ausgleichen

In einem Balkonbeet sollten, je nach Größe, nie mehr als 1–2 Starkzehrer gesetzt werden. Sie brauchen viele Nährstoffe und können sich sonst nicht so entfalten, wie sie es gewohnt sind. Zu Starkzehrern kannst du jedoch vereinzelt Mittelzehrer setzen und im besten Fall den noch nackten Boden mit Schwachzehrern bedecken. So gleicht sich der Nährstoffbedarf als Mischkultur aus und jedes Pflänzchen bekommt das, was es benötigt.

Platz clever nutzen

Der Platz am Balkon ist begrenzt und sollte deshalb effizient in jeder Höhe ausgenutzt werden.

Synergien nutzen

Viele Pflanzen wirken pilzhemmend, haben eine antibakterielle Eigenschaft, wehren bestimmte Schädlinge ab und locken viele Nützlinge an. Warum nicht genau auf diese Hilfe von Mutter Natur setzen.

Beete oder Töpfe daher so bepflanzen, dass möglichst viel hineinpasst, aber trotzdem keiner dem anderen den Platz wegnimmt. Dazu Größe und Wuchsform der einzelnen Pflanzen beachten!

Ein klassisches Beispiel für eine platzsparende Mischkultur sind „Die drei Schwestern". In einem Topf werden Mais, Bohnen und Zucchini gesetzt. Der hochwachsende Mais dient als Rankstab für die Bohnen. Die Zucchini wächst unten, beschattet den Boden und hält ihn dadurch länger feucht.

Meine Lieblings-Mischkulturen mit positiven Eigenschaften

— Basilikum mit Tomaten / Gurken / Kohl: Basilikum zu Tomaten, Gurken oder Kohlgewächsen gesetzt, hält Mehltau und Weiße Fliegen fern. Zudem lockt blühender Basilikum viele nützliche Bestäuber an und soll sogar das Aroma der Früchte positiv beeinflussen.
— Dill mit Möhren / Rote Bete / Kohl / Gurken: Dill fördert die Keimfähigkeit sowie das Wachstum, hält mit seinem Duft die Schädlinge im Beet fern und lockt dafür Nützlinge an.
— Knoblauch / Zwiebeln mit Erdbeeren: setze Knoblauch und Erdbeeren zusammen. Knoblauch hat eine bakterizide und fungizide Wirkung. Er beugt Pilzkrankheiten vor und verbessert zugleich das Aroma der Erdbeerfrüchte. Eine Mischkultur mit Knoblauch und Zwiebeln schützt zudem vor Spinnmilben und Pilzen.
— Ringelblumen mit Kohl / Kartoffeln / Zucchini: Ringelblume zu Kartoffel oder Kohl gesetzt, hält sie Nematoden und Drahtwürmer fern, fördert die Bodengesundheit und erhöht dadurch die Ernte.
— Tagetes mit Tomaten / Kohl / Kartoffeln / Erdbeeren: Tagetes helfen ebenfalls prima gegen Nematoden, Viren und Weiße Fliege.
— Bohnen & Bohnenkraut: Das Bohnenkraut hält, unter Bohnen gepflanzt, die Schwarze Bohnenlaus fern. Die Duftstoffe verbessern zusätzlich das Aroma und das Wachstum der Bohnen.
— Spinat als Wachstumshelfer: Spinat scheidet Saponine aus, welche das Wachstum von Beetnachbarn positiv beeinflussen.

Salat, Kohlrabi und hochrankende Bohnen.

Erdbeeren und Knoblauch in Symbiose.

Mischkultur-Klassiker: Tomaten und Basilikum harmonieren auch abseits vom Caprese-Teller.

Der Lavendelsteckling hat erfolgreich sein feines Wurzelwerk gebildet.

Erdbeerranken bilden im Wasserbad schneller Wurzeln.

Eine dichte Basilikumpflanze kann durch Teilung des Wurzelballens …

… zu mehreren eigenständigen Pflanzen geteilt und vermehrt werden.

PFLANZEN VEGETATIV VERMEHREN

VERMEHRUNG DURCH STECKLINGE

Ein Steckling ist ein abgeschnittener Trieb / Zweig, der selber Wurzeln bildet und zu einer eigenständigen Pflanze heranwächst. Lavendel und Rosmarin können im Frühsommer bis Sommer auf diesem Weg sehr einfach vermehrt werden.

Dazu eine gesunde und kräftige Mutterpflanze auswählen und einen Zweig oder Triebspitze abschneiden (ca. 10 cm). Den abgeschnittenen Zweig am unteren Ende von Blättern befreien und in nährstoffarme Erde stecken. Erde stets feucht und warm halten. Sobald der Zweig neue Blätter an der Triebspitze bildet, ist das ein gutes Zeichen, dass er Wurzeln gebildet hat und nun zu einer neuen Pflanze heranwächst. Nicht verzagen! Der Prozess, bis ein Steckling eigene Wurzeln gebildet hat, kann ein paar Tage bis einige Wochen dauern. Wurzelwachstumsbeschleuniger können den Prozess fördern.

VERMEHRUNG DURCH ABLEGER: ERDBEERE, MINZE

Erdbeeren können wunderbar durch Ableger vermehrt werden, denn die Pflanzen bilden mit der Zeit lange Triebe, sogenannte Ausläufer. An diesen entwickeln sich kleine, neue Erdbeerpflänzchen. Diese schneide ich einfach von der Mutterpflanze ab und lege sie in ein Wasserbad. Je nach Temperatur zeigen sich nach ein paar Tagen die ersten Wurzeln. Hat sich das Wurzelwerk gut entwickelt (ca. 1 Woche), können diese Pflänzchen einzeln in Erde gesetzt werden.

VERMEHRUNG DURCH TEILUNG: SCHNITTLAUCH, MINZE, MELISSE

Bei der Vermehrung von Pflanzen durch Teilung wird einfach der Wurzelballen in zwei oder mehrere Stücke geteilt. Dazu die Pflanze ausgraben, den Wurzelballen je nach Kompaktheit mit Händen, Messer oder Schere teilen und jedes Stück einzeln für sich wieder einsetzen. So entstehen aus einer Schnittlauchpflanze im Handumdrehen mehrere Pflanzenballen, die wieder mehr Platz in ihrem Topf für neues Wachstum haben.

AUSSAAT & PFLANZUNG IM JUNI

AUSSAAT DIREKT

— Erbse, Bohne
— Kohlrabi
— Mangold
— Spinat
— Karotte / Möhre
— Pastinake
— Radieschen
— Rote Rübe / Rote Bete
— Spinat
— Lauchzwiebel
— schossfeste Salate
— Radicchio
— Rucola
— Basilikum
— Dill
— Petersilie
— Schnittlauch
— Kresse

JETZT KOMMT ABER ALLES RAUS!

Im Juni dürfen nun auch die letzten empfindlicheren Jungpflanzen die Kinderstube verlassen. Die wärmeliebenden Setzlinge von Chili, Paprika, Pfefferoni, Aubergine und Gurke könnten bei zu frühem Auspflanzen empfindlich auf kühlere Nächte reagieren.

ERNTE IM JUNI

Erbsen, Bohnen, Gurken, Zucchini Regelmäßiges Ernten fördert neue Fruchtansätze. Zudem sind jung geerntete Zucchini und Gurken viel feiner im Geschmack. Zuckererbsen können mitsamt der Schale gegessen werden.

Kräuter Vergiss nicht regelmäßig deine Kräuter zu ernten, auch wenn du sie gerade nicht brauchst. Du kannst sie für den Winter bevorraten. Die Pflanzen wachsen buschiger den ganzen Sommer immer wieder nach.

Basilikum richtig ernten Kein Abzupfen von einzelnen Blättern! Schneide Basilikum immer am Stängel ab. So wachsen aus einem Trieb zwei neue Triebe heraus. Basilikum verdoppelt sich nach jedem Schnitt und wächst buschiger mit mehr Ertrag.

Schnittlauch richtig ernten Drei Finger breit über dem Boden abschneiden und nach jeder Ernte einmal nachdüngen. Die einzige Kräuterpflanze, der eine Düngung ganz guttut! Blühender Schnittlauch ist auch noch essbar.

Salate Je nach Sorte solltest du dir überlegen, sie jetzt komplett zu ernten. Denn im Sommer wird es sehr heiß und die meisten Salate fangen an zu schießen und bilden Blüten. Entweder du erntest deinen Salat oder lässt ihn für selbst gesammeltes Saatgut auswachsen.

Früchte vor Vogelfraß / Wespen schützen! Erdbeeren, Ribisel / Johannisbeere und Himbeeren leuchten herrlich rot zwischen all den grünen Blättern. Das ist für Vögel und Wespen sehr verlockend. Schütze deshalb deine Früchte vor gierigen Dieben. Binde ein durchsichtiges oder lichtdurchlässiges Organzasäckchen um die Früchte, am besten noch bevor diese ihre Farbe bekommen und ausgereift sind. Süße Weintrauben oder allerlei Früchte von Obstbäumen solltest du ebenfalls im Auge behalten und Vorkehrungen treffen.

Ernten und gleich nachsäen

— Radieschen
— Spinat
— Karotte
— Mangold
— Kohlrabi
— Frühlingszwiebel

JULI

Regelmäßig und richtig gießen

Erdoberfläche mulchen

Vermehrung durch Ableger (Erdbeere)

Schädlinge & Blattkrankheiten im Auge behalten

Kranke und braune Blätter entfernen

Alle 1–2 Wochen düngen

Pflanzen hochbinden, stutzen, auslichten

Früchte vor Vogelraub / Wespenfraß schützen

Obst & Gemüse ernten

Kräuter ernten & bevorraten

HOCHBEETE RICHTIG MULCHEN

Mulchen ist eine sehr effektive Methode, um Feuchtigkeit in der Erde zu bewahren sowie die Bodengesundheit und das Pflanzenwachstum zu fördern. Dabei werden die Beete und vor allem leere Erdflächen mit einem organischen Material bedeckt. Das können Stroh, Rindenmulch, Laub, Rasenschnitt und viele andere organische Materialien und Pflanzenreste sein.

Strohmulch hält Erdbeerfrüchte sauber.

VORTEILE DURCH MULCHEN

Lasse deine Beete und die Erdoberfläche nie leer. Bepflanze sie mit Bodendeckern oder mulche die nackte Erdoberfläche.

Mulch bringt Leben: Sonnenstrahlen auf nackter Erde laugen den Boden aus. Eine Mulchschicht auf der Erde verhindert dies und fördert das Leben in der Erde und somit die Bodengesundheit. Mulchmaterial ist totes organisches Material und ideal zur Versorgung der wichtigen Kleinstlebewesen in unserer Erde.

Mulch hält feucht: Im Hochsommer kann es tageweise richtig heiß werden. Tägliches Gießen steht an der Tagesordnung. Kleine Töpfe müssen sogar bis zu zweimal am Tag gegossen werden. Eine Mulchschicht dient als Schutzmatte, schützt vor direkter Sonneneinstrahlung und reduziert somit die Austrocknung der Erde. Hitze dringt nicht mehr so leicht in die unteren Erdschichten. Das spart nicht nur Zeit, sondern auch Geld und Ressourcen, weil du weniger gießen musst.

Eine Mulchschicht hält die Erde gleichmäßiger feucht und minimiert den Stress durch Trockenheit.

Mulch lockert auf: Nach dem Gießen und nach Regen verdichtet sich die Erde. Vor allem die Erdoberfläche sackt zusammen, wird kompakt und verdichtet sich von Mal zu Mal mehr. Wenn nicht regelmäßig aufgelockert wird, kann die Erde das Wasser nicht mehr aufnehmen und es würde lediglich auf der Seite und durch Ritze abrinnen und somit nicht an die Wurzeln gelangen. Eine Mulchschicht verhindert diese Verschlammung.
Mulch hält sauber: Heranwachsende Früchte liegen, dank einer Mulchschicht, nicht direkt der Erde auf und bleiben somit sauber und frei von Fäulnis und Pilzkrankheiten.
Mulch reduziert Unkraut: Eine Mulchschicht unterdrückt ebenfalls das Wachstum von Unkraut. Aber Achtung, sind Samen in deinem organischen Mulchmaterial (Blumenpflanzenreste im Heu), kannst du damit genau das Gegenteil bewirken.
Mulch schützt vor Frost: Im Winter oder auch bei zeitigen Aussaaten im Frühjahr kann eine dicke Mulchschicht vor kurzen Frösten schonend wirken.

DICKE DER SCHICHT

Wie dick du dein Mulchmaterial aufschichtest, richtet sich danach, wie feucht es darunter ist. Je trockener das Material, desto höher darf aufgetragen werden.

Brennnessel
Frisch gesammelt oder getrocknet als Mulchschicht, dient sie gleichzeitig als organisches Düngematerial und zur Schädlingsbekämpfung.

Tomaten sind bei Hitze und Trockenheit anfälliger für Spinnmilben.

Vielen Salaten ist es im Hochsommer zu heiß und sie treiben schnell aus.

Mediterrane Kräuter kommen mit langanhaltender Hitze und wenig Wasser besser zurecht, ihr Aroma wird dadurch sogar verstärkt.

PFLANZEN, DIE HITZE & TROCKENHEIT VERTRAGEN

Die Sommertage werden gefühlt immer heißer. Zitruspflanzen wie Zitronen, Orangen, Kumquat und Limette blühen so richtig auf. Andere Pflanzen haben auf sehr sonnigen Balkonen in dieser Periode durchaus zu kämpfen. Ich verrate dir, welche Pflanzen es noch gibt, die der Hitze und Trockenheit trotzen.

GEMÜSE MIT HOHER TROCKENHEITSTOLERANZ

Gemüse, dessen Wassergehalt nicht so hoch ist, wie beispielsweise bei der saftigen Gurke, vertragen die Trockenheit deutlich besser und kommen auch mit weniger Wassergaben aus:

— sehr wärmeliebende Gemüse wie Paprika, Chili, Aubergine
— Kürbis und Zucchini, Bohne
— Wurzelgemüse wie Möhre, Pastinake, Rote Rübe und Rettich
— Knollengemüse wie Kartoffel, Topinambur, Zwiebel, Knoblauch

KRÄUTER MIT HOHER TROCKENHEITSTOLERANZ

Die meisten mediterranen Kräuter, die wir aus unseren südländischen Sommerurlaubszielen kennen, kommen mit Hitze und Trockenheit gut zurecht. Zu viel Wasser wäre sogar kontraproduktiv:

— Lavendel
— Thymian
— Rosmarin
— Oregano
— Zitronengras
— Salbei

GEMÜSE, DAS NICHT MIT TROCKENHEIT ZURECHTKOMMT

Blattgemüse wie Salate und Spinat vertragen keine Trockenheit. Bei zu großer Hitze fangen diese sofort an zu schießen. Sie treiben aus und bilden Blüten. Es gibt ein paar Sorten, die etwas resistenter gegen Hitze sind und nicht so schnell reagieren.
Gemüse mit hohem Wassergehalt wie die Gurke brauchen sehr viel Wasser, um so saftig zu wachsen.
Radieschen und Kohlrabi werden bei zu wenigen Wassergaben holzig im Geschmack.

GIESSEN AUF KLEINEM RAUM

Das richtige Gießen ist entscheidend für Gesundheit und Wachstum der Pflanzen. Auf dem Balkon ist das eine besondere Herausforderung, da Erde in Töpfen und Kästen schneller austrocknet als im Freiland.

Handschlauch für kontrolliertes Gießen.

WIE ERKENNE ICH, OB GEGOSSEN WERDEN MUSS?

Wenn du dir nicht sicher bist, ob deine Pflanzen Wasser brauchen, dann teste mit deinen Fingern die oberen Zentimeter der Erdoberfläche. Grab dich ein wenig hinein. Ist es zu trocken, musst du gießen. Denn auch, wenn die Oberfläche oftmals ausgetrocknet aussieht, ist es darunter meistens noch schön feucht. Mit der Zeit bekommst du ein Gefühl dafür, wann Wasser benötigt wird und lernst abzuschätzen, je nach Wetterbedingungen, wieviel gegossen werden muss.

WANN IST DIE RICHTIGE TAGESZEIT ZUM GIESSEN?

Der beste Zeitpunkt zum Gießen ist frühmorgens. Dadurch kann sich die Erde mit Wasser ansaugen und die Pflanzen sind für einen heißen Sommertag versorgt. Zudem verdunstet aufgrund noch kühlerer Temperaturen weniger Wasser.

Bewässerungsanlagen für die Urlaubszeit.

Gießkanne für die Zugabe von Flüssigdünger.

Mittags ist der schlechteste Zeitpunkt, um deine Pflanze zu gießen. Hier ist der Schock zwischen Hitze und kühlem Nass am extremsten. Sehr schlapp herunterhängende Pflanzen musst du natürlich dann trotzdem gießen, bevor sie bis zum Abend völlig austrocknen.

Gießt du am Abend, bleibt das Wasser länger stehen, es entsteht ggf. Staunässe und deine Pflanzen gehen mit „nassen Füßen" schlafen. Dadurch werden auch Infektionen und Pilzkrankheiten gefördert.

Hitze-Schutzmechanismus
Großblättrige Pflanzen wie Zucchini und Gurken lassen bei heißem Wetter und starker Sonne alles hängen. Das muss jedoch nicht gleich heißen, dass sie verdursten. Viele Pflanzen mit großem Blattwerk klappen diese als Schutzmechanismus zusammen, um zu viel direkte Sonneneinstrahlung zu vermeiden. Sobald es kühler wird, stellen sich die Blätter wieder auf.

WOHIN GIESSEN?

Nicht direkt auf das Blattwerk gießen. Gieße immer auf die Erdoberfläche, zum Stamm hin. Dort verlaufen die Wurzeln unterirdisch, welche das Wasser brauchen. Auf den Blättern fördert es nur Pilze und führt zu Brandflecken.

WASSER RINNT WIEDER HERAUS?

Rinnt das Gießwasser wieder unten heraus, kann das zwei Ursachen haben:

— Erde ist genug gegossen: Die Erde ist nass genug und kann kein weiteres Wasser mehr aufnehmen.

— Erde ist zu verdichtet: Wie beim Mulchen schon erwähnt, kann die Erde zu verdichtet sein. Dann tut sie sich schwer, Wasser aufzunehmen und zu halten. Abhilfe kannst du schaffen, indem du die Erdoberfläche auflockerst und eine Mulchschicht aufträgst.

Blätter waschen und gut trocknen, bevor sie weiterverarbeitet werden.

In Öl eingelegt, halten sich viele Kräuter über Monate im Kühlschrank.

Kräuter lose oder in Öl vorportioniert im Tiefkühler lagern.

Selbst gemachte Hustenbonbons mit gemahlenem Salbei und Birkenzucker.

KRÄUTER ERNTEN UND BEVORRATEN: TROCKNEN, EINFRIEREN, IN ÖL

Kurz vor oder während der Blüte besitzen Kräuter das beste Aroma und den meisten Wirkstoffgehalt. Nutze diesen Zeitpunkt für die Ernte und anschließende Aufbewahrung.

KRÄUTER TROCKNEN: FÜR TEE & ALS KÜCHENGEWÜRZ

Mediterrane Kräuter wie Thymian, Rosmarin, Lorbeer, Lavendel, Oregano und Majoran sowie Minze und Salbei eignen sich hervorragend zum Trocknen. Dazu ganze Zweige ernten, zusammenbinden und aufgehängt trocknen lassen.

KRÄUTER EINFRIEREN

Petersilie, Basilikum, Schnittlauch, Liebstöckel, Dill und Blattkoriander friere ich lieber ein. Klein geschnitten und eingefroren behalten sie mehr Aroma als getrocknet.

KRÄUTER IN ÖL EINLEGEN

Kräuter können ebenso gut in Öl konserviert werden. Dazu klein schneiden und mit Öl vermischen. Entweder in Eiswürfelformen vorportionieren und einfrieren. Oder in einem Einmachglas mit Öl bedecken, hält sich im Kühlschrank bis zu 6 Monaten.

REZEPT FÜR GESUNDE HUSTENZUCKERL

Du brauchst 100 g Birkenzucker, 1 gehäuften EL getrockneten, zermahlenen Salbei. Den Zucker bei niedriger Stufe in einem Topf langsam schmelzen lassen. Gemahlenen Salbei unterrühren. Die Masse löffelweise auf ein Backpapier tropfen und vollständig auskühlen lassen, bis der Zucker wieder ausgehärtet ist. Dann können die fertigen Hustenzuckerl in einer Dose aufbewahrt werden.

Sonstige Ernte

— Erdbeeren, Himbeeren & Ribisel, teilweise sogar schon Brombeeren
— Erbsen, Bohnen, Gurken, Zucchini
— erste Tomaten, Auberginen, Paprika & Chili nach sonnigen und heißen Tagen

MÖGLICHE AUSSAATEN IM FREIEN

Vielen Gemüsesorten macht die große Hitze im Hochsommer zu schaffen. Sie gedeihen nicht ideal und fangen schnell an zu schießen, gehen in die Blüte. Gegen Ende des Sommers laufen diese Sorten wieder zur Höchstform auf und sind bis zum Herbst oder sogar bis in den Winter hinein zu ernten:

— Salate (Feldsalat / Vogerlsalat, Endivien, Rucola, Asia-Salate, Radicchio, verschiedene Pflücksalate)
— Spinat
— Mangold
— Radieschen
— Buschbohne (kann den ganzen Sommer lang immer wieder nachgesät werden)
— Kohlrabi
— Rote Rübe
— Lauch
— Dill, Petersilie, Koriander
— Winterkresse, Winterpostelein Pak Choi, Chinakohl

Salate & Kräuter gehen immer und überall.

Ernte im Juli: Radieschen; Erdbeeren, Himbeeren & Ribisel, teilweise sogar schon Brombeeren. Erbsen, Bohnen, Gurken, Zucchini. Erste Tomaten. Auberginen, Paprika & Chili nach sonnigen und heißen Tagen

AUGUST

Weiterhin hochbinden, stutzen & auslichten

Zu schwere Äste und Ranken stützen

Kranke & braune Blätter entfernen

Tomatentriebspitze abschneiden

Letzte Düngung Ende August

Wintergemüse / Gründüngung aussäen

Lavendel nach der Blüte zurückschneiden

Kräuter ernten & bevorraten

Regelmäßig Obst & Gemüse ernten

GEMÜSE & OBST LAGERN UND KONSERVIEREN

Frisch geerntet, haben Obst und Gemüse den besten Geschmack. Trotzdem versuche ich immer einen kleinen Teil meiner Ernte haltbar zu machen und einzulagern. So habe ich in den Wintermonaten auch etwas davon.

VON CHUTNEY BIS SOSSEN

Es gibt viele Wege, um die eigene Ernte aufzubewahren. Wer keinen Platz im Kühlschrank oder Gefrierfach hat, kann Obst und Gemüse einlegen, einkochen, trocknen oder fermentieren, ob als Pesto, Chutney, Sirup, Marmelade, Kompott, Mus, Soße oder Gewürzpulver.

EINKOCHEN & EINLEGEN – DIESE FEHLER SOLLTEST DU VERMEIDEN

Beim Einkochen und Einlegen von Obst und Gemüse spielen Temperatur, Luftfeuchtigkeit und Lagerort eine wesentliche Rolle. Unter den richtigen Bedingungen bleibt die Qualität bis zum Verzehr erhalten.

Hygiene: Alle Utensilien, Gläser, Deckel müssen gut gereinigt und sterilisiert sein, um die Gefahr von Verunreinigung und Schimmelbildung zu minimieren.

Sauberes Obst & Gemüse: Verwende immer nur einwandfreie und frische Früchte. Schimmlige, beschädigte oder verdorbene Früchte sollten nicht verwendet werden. Diese können das Ergebnis negativ beeinflussen und begünstigen den Verfall deiner mühsam verarbeiteten Leckereien. Ein Wegschneiden dieser „Gefahrenstellen" reicht nicht aus.

Genug Hitze: Obst und Gemüse vor dem Einlegen kurz in der Einlegeflüssigkeit aufkochen lassen. Bei Mus und Marmelade werden die Früchte gänzlich eingekocht.

Vakuumieren: Nach der Prozedur muss sich ein Vakuum im Glas bilden. Also noch heiß ins Glas abfüllen und auf den Kopf stellen. So bildet sich im geschlossenen Glas ein Vakuum. Ein undichtes Glas mit Luftzufuhr führt zu Schimmelbildung und Verderben.

Kühl und dunkel lagern: Eingelegte Produkte gehören kühl und dunkel gelagert. Zu warme und helle Lagerung kann die Qualität und Haltbarkeit beeinflussen.

TROCKNEN UND DÖRREN

Trocknen und Dörren von Obst und Gemüse ist eine alte Methode der Konservierung. Sie intensiviert den Geschmack und erhält die meisten Nährstoffe. Dabei werden die Früchte in einem Dörrgerät oder Backrohr auf niedriger Temperatur oder an der Luft langsam getrocknet. Die Früchte werden in klein geschnittenen Scheiben nebeneinander aufgelegt. Je nach Wassergehalt der Frucht variiert die Dauer des Trockenvor gangs. Es gibt auch Trockengestelle, die keinen Strom benötigen. Hier würde ich jedoch nur Kräuter trocknen.

IN ÖL EINLEGEN

Gemüse lässt sich ebenfalls in Öl eingelegt, haltbar machen. Dazu Gemüse in einem Glas komplett mit Öl bedecken und luftdicht verschließen. Frisches Gemüse muss zuvor blanchiert werden.

MEINE GRUNDREZEPTE – GEMÜSE EINLEGEN

ZUTATEN FÜR 4 SCHRAUBGLÄSER ZU JE 300 ML

ca. 800–1.000 g rohes Gemüse; in diesem Rezept sind es 2 Kohlrabi, 1 Apfel, 1 Zwiebel
300 ml Essig
500 ml Wasser
4–5 EL Einlegegewürz (3 EL Senfkörner, 4 Lorbeerblätter, 1 TL Gewürznelken, 1 EL Pfefferkörner)
3 EL Zucker
1 EL Salz

Auf den folgenden Seiten zeige ich dir klassische Grundrezepte, um Gemüse einzulegen, Marmelade einzukochen sowie Soßen und Ketchup herzustellen. Die Rezepte kannst du nach Belieben abwandeln. Kombiniere nach deinem Geschmack. Probiere wilde Kräuter-Frucht-Mischungen oder ungewöhnliche Gewürze für eingelegtes Gemüse.

1 Die Gläser müssen vorab sterilisiert werden, sodass alle Bakterien abgetötet sind, dadurch wird die Haltbarkeit verlängert. Dazu Gläser und Deckel aufgeschraubt im heißen Wasserbad abkochen. Vorsichtig herausholen und auf einem Küchentuch trocknen lassen, bis die Gemüsemischung hineingefüllt wird.

2 Das rohe Gemüse waschen und schälen und in gleichmäßige Stücke schneiden.

3 In einem Topf Wasser, Essig, Salz, Zucker und die Gewürze für 5 Minuten aufkochen. Dann das geschnittene Gemüse dazugeben und weitere 10 Minuten köcheln lassen.

4 Den heißen Sud samt dem Gemüse zügig in die sterilisierten Gläser abfüllen. Fest zuschrauben und auf den Kopf stellen, bis sie halbwegs abgekühlt sind.

5 Das Abfüllen muss noch im heißen Zustand geschehen, damit sich ein Vakuum im Glas bilden kann. Auf den Kopf gestellt, wird durch die heiße Füllung noch mal eine mögliche Keim- und Mikroorganismenbildung an Rand und Deckel unterbunden.

6 Wenn die Gläser abgekühlt sind, dürfen sie, wieder umgedreht, in den Vorratsschrank. Kühl und dunkel gelagert, halten sich diese eingemachten Leckereien mindestens ein Jahr, wenn nicht sogar viel länger.

GRUNDREZEPTE – MARMELADE, SOSSEN & KETCHUP

ZUTATEN FÜR 2 SCHRAUB-GLÄSER ZU JE 300 ML

600 g Frucht
300 g Gelierzucker
Saft 1 Zitrone
Mark von einer Vanilleschote
Nach Belieben kannst du mit Gewürzen und Kräutern experimentieren.

Soßen & Ketchup
Soßen aus Gemüse und Obst sind schnell gemacht. Dazu die Früchte pürieren und mit Gewürzen einkochen lassen, bis die gewünschte Konsistenz erreicht ist. Ähnlich wie beim Marmelademachen, die kochend heiße Soße in sterilisierte Gläser abfüllen, auf den Kopf stellen und warten, bis sie abgekühlt sind und sich ein Vakuum gebildet hat. Im Küchenschrank, dunkel aufbewahrt, hält sie sich über ein Jahr.

Marmelade ist im Grunde immer nur Frucht und Zucker. Ich mag sie zum Verstreichen auf dem Brot, zum Dippen mit dem Croissant oder als fruchtiges Topping zum Joghurt-Müsli lieber etwas flüssiger.

Die Mengenangaben für Marmelade richtet sich nach dem Gelierzucker, den du dazu verwendest. Je nach Gelierzucker kann das Mischverhältnis variieren. Es steht immer auf der Gelierzucker-Verpackung. Bei einem 2:1 Gelierzucker beispielsweise nimmst du 2 Teile Frucht und 1 Teil Zucker. Nimmst du mehr Gelierzucker, wird die Marmelade fester. Nimmst du weniger Gelierzucker, wird die Marmelade flüssiger.

1–3 Glas-Vorbereitung: siehe Gemüse einlegen vorige Seite

4 In einem Topf Früchte, Mark einer Vanilleschote und Zitronensaft zum Köcheln bringen. Solltest du Kräuter in die Marmelade dazugeben wollen, empfehle ich, diese fein zu zermahlen, damit sie später nicht in der Marmelade und auf dem Brot stören. Oder den ganzen Zweig mitköcheln und später, wenn er das Aroma abgegeben hat, vor der Zuckerzugabe wieder herausnehmen.

5 Nach 10–20 Minuten, wenn das Obst zerkocht ist, kommt nun der Gelierzucker dazu. Wer eine glatte Konsistenz haben will, kann die Früchte vor Zugabe des Gelierzuckers mit einem Pürierstab feinmixen. Der Gelierzucker wird die ganze Zeit vorsichtig eingerührt, bis er vollständig aufgelöst ist.

6 Die Masse weitere 5 Minuten kochen lassen und rühren, damit nichts anbrennt.

7 Die heiße Marmelade in die sterilisierten Gläser abfüllen, auf den Kopf stellen und auskühlen lassen.

LISAS
TOMATENSOSSE

1

LIEBLINGSGEMÜSE LAGERN & KONSERVIEREN

Obst und Gemüse aus der eigenen Ernte zu lagern und zu konservieren, ermöglicht dir den Genuss deiner leckeren Schätze über das ganze Jahr verteilt.

TOMATEN

Tomatentrieb kappen: Im August sollte die Spitze der Tomatenpflanze abgeschnitten werden. Bevor die Saison sich langsam dem Ende neigt, ist es wichtig, dass die restliche Energie in die Ausreifung der noch vorhandenen Früchte geht. Was jetzt noch blüht, hat nicht mehr genügend Zeit zum Reifen und wird nicht mehr zur Frucht.
Aroma bewahren: Tomaten gehören nicht in den Kühlschrank. Tomaten immer bei Zimmertemperatur lagern, so bewahren sie ihr gutes Aroma.
Grüne & unreife Tomaten: Unreife und grüne Tomaten können abgeerntet noch nachreifen. Lege sie dazu in die Küche oder an einen anderen warmen Platz. In eine Papiertüte gewickelt, wird der Prozess beschleunigt.
Tomatensoße selber machen: Wer genug Tomaten hat, dem empfehle ich Tomaten mit Zwiebeln, Knoblauch und Kräutern einzukochen. Selbst gemachte Tomatensoße schmeckt einzigartig gut. Eingekocht in sauberen Schraubgläsern, hält sie sich in einem dunklen Schrank bis zur nächsten Saison (Seite 98).
Lagerung: Tomaten (und Äpfel) scheiden bei der Lagerung besonders viel Ethylen aus. Dieses Gas beschleunigt nicht nur die Reifung und das Verderben ihrer selbst, sondern auch das von miteingelagertem Gemüse und Obst.

1 Tomaten gut ausreifen lassen, bevor sie verarbeitet werden.

2 Das Blattwerk vieler Knollen- und Wurzelgemüse ist verwertbar.

1

2

3

GRÜNES BLATTWERK

Salate, Spinat, Mangold, Basilikum, Petersilie, Liebstöckel, Koriander, Schnittlauch, solltest du immer frisch ernten und gleich verspeisen, ansonsten wird es schnell welk.

Lagerung: In ein feuchtes Tuch gewickelt, bleibt es ein paar Tage im Kühlschrank knackig und frisch. Alternativ kannst du Salate mit dem Anschnitt sowie Mangold, Spinat und Kräuter in ein Glas mit Wasser stellen. Das hält sie ebenfalls ein paar Tage länger frisch.

WURZELGEMÜSE

Knollen- und Wurzelgemüse wie Karotten, Radieschen, Kohlrabi, Rote Bete brauchen Feuchtigkeit und kühle Temperaturen, um knackig und frisch zu bleiben.

Kühlschrank-Methode: In ein feuchtes Geschirrtuch gewickelt und im Kühlschrank gelagert, bleibt das Gemüse ein paar Tage bis zu einer Woche frisch. Vergiss nicht, das Tuch immer wieder nachzufeuchten.

Sand-Methode: Im Keller kannst du Knollen- und Wurzelgemüse in feuchtem Sand aufbewahren. Grünzeug grob entfernen, sonstige Wurzelfäden bitte dran lassen. Komplett mit Sand bedeckt, ohne sich zu berühren, halten sie sich bis zu einem halben Jahr knackig.

Wasser-Kick: Ist dein Wurzelgemüse nicht mehr knackig, lege es in ein kaltes Wasserbad. Ein paar Minuten später ist es wieder knackig. Alternativ gleich in einem Wasserbad im Kühlschrank aufbewahren.

Gemüsesuppe: Karotten, Sellerie, Petersilienwurzeln, Kräuter und Lauch trocknen und mit Salz zu einem groben Granulat mixen. Fertig ist die selbst gemachte Würze für Suppen und Soßen.

BOHNEN

Bohnen lassen sich hervorragend trocknen. Achte darauf, dass sie wirklich gut durchgetrocknet sind, bevor du sie in einem Gefäß aufbewahrst. Sofern sich keine Lebensmittelschädlinge daran

4

1 Kräuter zerkleinert für den schnellen Einsatz einfrieren.

2 Salat bleibt, in ein feuchtes Tuch gewickelt, mehrere Tage frisch.

3 Knollen wie Radieschen bleiben im Wasserbad länger knackig.

4 Beeren lassen sich ebenfalls einfach einfrieren.

Kräuter das ganze Jahr
Kräuter kannst du das ganze Jahr trocknen, einfrieren oder in Öl einlegen. Siehe dazu Seite 89.

zu schaffen machen, halten sie auf diese Weise ewig. Zum Verzehr die getrockneten Bohnen dann über Nacht in Wasser einlegen und danach gar kochen.

BEERENOBST

Beeren, wie Himbeere, Brombeere, Johannisbeere / Ribisel, Erdbeere, lassen sich prima einfrieren, um sie für Nice-Cream, Smoothies, Porridge und fruchtige Soßen frisch zur Hand zu haben. Marmeladen und Chutneys lassen sich ebenfalls aus frisch geerntetem Obst machen.

Probiere untypische Kräuter hinzuzunehmen. Wie wäre es mit einer Erdbeer-Thymian- oder Brombeer-Rosmarin-Marmelade?

KARTOFFELN, ZWIEBELN & KNOBLAUCH

Kartoffeln, Zwiebeln und Knoblauch werden kühl, trocken und vor allem dunkel gelagert, damit sie nicht austreiben. In der untersten Lade vom Kühlschrank halten sie bei mir am längsten. Alternativ geht auch ein kühler und dunkler Keller. In der Schranklade wird es im Sommer vermutlich zu warm.

Grünzeug von Knoblauch und Zwiebeln: hat ebenfalls einen knoblauchigen Geschmack und kann verzehrt werden. Es eignet sich hervorragend zum Trocknen (funktioniert wie mit Kräutern, siehe Seite 89) und kann dann zu einem aromatischen Knoblauchpulver vermahlen werden.

CHILIS

Die Schoten eignen sich perfekt getrocknet als Gewürz. Dazu die einzelnen Chilis aufhängen und an einem warmen, luftigen Ort trocknen lassen. Danach kann die ganze Schote samt der Samen zermahlen werden.

Chilis können mit Obst ebenfalls zu einer scharfen Soße oder Chutney zum Grillen verarbeitet werden (Grundrezept siehe Seite 98). Getrocknete Chilischoten in Öl eingelegt, gibt dem Salat eine feurige Note.

AUSSAAT HERBST-/ WINTERGEMÜSE

Wintergemüse auf dem Balkon anzubauen, ist eine einfache und nachhaltige Möglichkeit, auch in der kalten Jahreszeit frisches Gemüse zu ernten und den Boden zu schützen. Sind die ersten Pflanzen abgeerntet, sollten die Beete keinesfalls leer bleiben.

---

5 VORTEILE VON WINTERGEMÜSE

— Die Beete bleiben nicht unnötigerweise leer. Die Erde laugt nicht aus. Das Bodenleben bleibt erhalten und erneuert sich.
— Erste Ernte im Frühjahr einfahren, bevor die Saison überhaupt gestartet hat.
— Der Blick auf den Balkon ist mit bepflanzten Beeten einfach schöner als kahle Erdkästen.
— Schutz und Unterschlupf für Nützlinge während der Wintermonate.
— Die Temperaturen nehmen ab und grünes Blattwerk schießt nicht mehr vor lauter Hitze in die Blüte.

ZUSÄTZLICHER AUFWAND HÄLT SICH IN GRENZEN

Ich streue ein paar winterharte Sorten über meine Beete. Was aufgeht, geht auf. Was sich nicht blicken lässt, ist oftmals dann im Frühjahr erst gekeimt. Einzig das Wetter sollte im Auge behalten werden: Spätestens bei Schneefall, wenn der Schnee liegen bleibt, sollte das Wintergemüse mit einem Vlies abgedeckt werden. Ist es ein sehr trockener Winter, wochenlang ohne Regen und Schnee, dann würde ich ein wenig nachgießen. Ansonsten kommt das Wintergemüse wirklich mit sehr wenig Wasser über die Runden.

DIREKT SÄEN ODER VORZIEHEN?

Wintergemüse direkt säen

Schnell wachsende Sorten wie Radieschen, Feldsalat, Mangold, Spinat und Winterportulak können bis Oktober direkt ins Beet ausgesät werden. Sie wachsen bis zum Wintereinbruch gut an, sodass sie vor und während der Wintermonate geerntet werden können.

Bei Aussaaten ab Oktober, und vor allem in kalten Nächten mit Minustemperaturen, empfehle ich ein Vlies über das Wintergemüse zu legen:

Abgeerntete Beete können für Herbst- und Wintergemüse vorbereitet werden.

Winterpostelein, Pastinake, Möhre, Rucola, Feldsalat, Chicorée, Spinat, Mangold, Pak Choi, Radieschen, Lauch, Endiviensalat, Radicchio, Asia-Salate, Winterkresse, Knoblauch, Zwiebel.

Wintergemüse vorziehen

Bei Sorten mit langsamem Wachstum, wie Kohlgemüse, ist es ratsam, diese jetzt noch vorzuziehen. Die vorgezogenen Setzlinge kommen bis spätestens Oktober in die Erde und wachsen gut bis zum Wintereinbruch an. Du kannst der einfachheitshalber auch Jungpflanzen im Gartenfachmarkt kaufen: Wirsing, Grünkohl, Rosenkohl, Chinakohl, Rote Bete, Knollensellerie, Kohlrabi, Weiß- & Rotkohl.

Kohlsorten habe ich in der Hauptsaison eher weniger auf dem Balkon, da diese viel Platz brauchen und langsam wachsen. Aber über den Winter darf hin und wieder ein Kohlgewächs in ein Hochbeet einziehen!

Direktaussaat von Salaten (den ganzen Winter) & weiteren Gemüsen

— Vogerl- / Feldsalat
— Rucola
— Endiviensalat
— Radicchio
— Asia-Salate
— Winterkresse
— Winterpostelein
— Spinat & Mangold (milder Winter oder Abdeckung)
— Radieschen (späte Sorte und / oder mit Abdeckung)
— Herbst- & Winterlauch
— Knoblauch und Zwiebeln stecken
— Winterrettich
— Pak Choi, Wirsing, Grünkohl, Rosenkohl, Chinakohl (besser vorziehen oder Setzling pflanzen)
— Rote Bete, Knollensellerie, Kohlrabi (besser vorziehen oder Setzling pflanzen)

Frostharte Saatgutmischung
Das Landsberger Gemenge besteht aus Winterwicke, Inkarnatklee und Weidelgras. Lass die Mischung bis Mai in deinem Beet stehen, damit sie Stickstoff sammeln kann.

GRÜNDÜNGUNG

Mit Gründüngung sind Pflanzen gemeint, die wegen ihrer speziellen Eigenschaften viele Vorteile bringen. Mit einer Gründüngung bereitest du, ohne viel Aufwand, den Boden auf die nächste Anbausaison vor.

VORTEILE

Schutz vor Auslaugen: Der Boden bleibt vor Sonne, Wind und Frost geschützt und laugt nicht so schnell aus.

Belebt den Boden: Mikroorganismen und andere Kleinstlebewesen haben durch jede Art von Gründüngung eine konstante Nahrungsquelle. Durch das Zersetzen von Pflanzenresten durch Mikroorganismen kommt wieder Leben in die Erde. Bei Schnee und Frost darf Gründüngung auch absterben und dient weiter als Nahrungsquelle. Im Frühling werden Reste der Gründüngung bei der Beetvorbereitung einfach in die Erde mit eingearbeitet und dienen wiederum als Nahrung und infolgedessen als Nährstoff.

Stickstoff: Gründüngung mit Leguminosen (Klee wie Inkarnat- und Alexandrinerklee, Erbsen, Bohnen, Lupinen) binden mit ihren Knöllchenbakterien Stickstoff aus der Luft und reichern die Erde damit an. Leguminosen nicht mehrmals hintereinander auf dem Beet aussäen – Fruchtfolge beachten!

Lockert den Boden auf: Gründüngung lockert durch das Wurzelwerk den Boden auf, dieser wird dadurch aufnahmefähiger.

Schutz vor Schädlingen: Gründüngung beugt Schädlingen und Krankheiten vor. Buchweizen und Weißer Senf helfen gegen verschiedene Arten von Nematoden (Fadenwürmer). Bei Einsaaten mit Senf sollten davor oder danach keine Kohlgewächse auf dem Beet stehen – Fruchtfolge beachten!

Nützlinge fördern: Lässt du Gründüngung blühen, z. B. Phacelia, freuen sich Bienen und viele andere natürliche Insekten über dieses Nektarbuffet.

SEPTEM-BER

Gründüngung aussäen

Wintergemüse setzen und aussäen

Winterharte Kräuter durch Teilung vermehren

Die ersten Kübelpflanzen ziehen in ihr Winterquartier (Zitronenbaum)

Saatgut ernten & trocknen

Obstgeäst mit vielen Früchten stützen

Obst lieber an trockenen Tagen ernten

Tomaten zum Nachreifen in die Küche legen

1

2

WER DARF DRAUSSEN BLEIBEN?

Im September zeigt sich der bepflanzte Balkon noch in seiner vollen Pracht. Tageweise kann es noch richtig warm sein, aber die kühle Brise lässt sich nicht mehr verleugnen. Während dieser Übergangszeit sollten wir uns über die kommenden kühleren Monate Gedanken machen und überlegen, welche Pflanzen draußen bleiben dürfen und wer langsam ins Winterquartier ziehen sollte.

3

4

WAS WIRD ABGEERNTET?

Einjährige Gemüsepflanzen werden am Ende der Saison abgeerntet. Spätestens vor dem ersten Frost sollten die ausgereiften Früchte von der Pflanze in die Küche ziehen: Tomaten, Chili, Paprika, Aubergine, Gurke, Zucchini, Kürbis, Bohnen.

WER ZIEHT INS WINTERQUARTIER?

Wenn die Temperatur in der Nacht unter 15 °C liegt, sollten wärmeliebende Pflanzen hineingestellt werden. Zitruspflanzen wie Zitronenbaum, Orangenbaum, Limette und Kumquat sollten über die Wintermonate in ein Winterquartier gebracht werden. Idealerweise ist dieser Ort hell und kühler als die normale Zimmertemperatur. Stimmen die Gegebenheiten, sind die Pflanzen weniger anfällig für Krankheiten und Schädlinge. Leider hat nicht jeder ein passendes Winterquartier.

1, 2, 3
Paprika, Gurke und Zucchini sind nur einjährig und gehen im Winter ein.

4
Der Zitronenbaum muss über die kalten Monate hineingestellt werden.

Wir haben unseren Zitronenbaum zwar in der Wohnung stehen, jedoch in einem Raum, der eher kühler gehalten wird und in der Nähe eines Fensters, das im Winter am meisten geöffnet wird. Nicht ideal, aber so ist es für den Zitronenbaum halbwegs machbar. Die ein oder andere

Schildlaus lässt sich nicht vermeiden. Diese können jedoch sehr einfach mit einer alten Zahnbürste abgekratzt werden.

Sobald es nur noch Temperaturen um die 10 °C hat, wird es dem Basilikum draußen zu kalt – seine Blätter färben sich gelb. In einen Topf gepflanzt, kannst du ihn weiter auf deinem Fensterbrett wachsen lassen oder erntest ihn komplett vom Beet ab und pflanzt ihn nächstes Jahr neu.

WAS DARF DRAUSSEN BLEIBEN?

Beerensträucher, Obstbäume und so manche Kräuter kommen ohne große Probleme über die Wintermonate. Sofern sich die Gefäße bewegen lassen, würde ich Töpfe an die Hauswand stellen. Dort stehen sie wärmer und windgeschützter.

Wohnst du in einer Region, in der Schnee nach dem Schneefall lange liegen bleibt oder Minustemperaturen länger anhalten, solltest du deine Pflanzen zusätzlich mit einer Kokosmatte und / oder einem Vlies vor Frostschäden schützen.

— Obststräucher wie Himbeere, Johannisbeere und Heidelbeere bleiben über den Winter draußen und treiben jedes Frühjahr verlässlich wieder aus.

— Obstbäume wie Apfel-, Pfirsich-, Birnen- und Kirschbaum machen Wintermonate ebenfalls nichts aus. Sogar manche Feigenbaum-Sorte wie 'Brown Turkey' trotzt dem Frost. Tragisch ist es nur, wenn sie im Frühling schon Blüten und / oder Früchte tragen und sie von einer Frostperiode getroffen werden. Das kann zum Verlust der ganzen Ernte führen.

— Kräuter, die zwar winterhart sind, aber erst wieder im Frühjahr austreiben: Schnittlauch, Oregano, Salbei, Lavendel, Liebstöckel, Minze und Zitronenmelisse.

— Thymian und Rosmarin sind winterhart und können sogar im Winter beerntet werden.

— Erdbeeren bekommen im Herbst braunes Laub und bilden im Frühjahr wieder neue, grüne Blätter. Ich belasse alles so, wie es ist, um den Nützlingen Schutz zu bieten. Im Frühling wird das Erdbeerbeet bereinigt und mit Stroh neu gemulcht.

Obstbäume, Obststräucher und sogar das ein oder andere Kräuterlein, wie die Minze (Bild rechts), trotzen dem Frost und überleben den Winter im Freien.

SAATGUT ERNTEN

Das Sammeln von Samen ermöglicht dir das Vermehren deiner Pflanzen. Es bewahrt die Sortenvielfalt, fördert die Anpassungsfähigkeit an deine Umgebung und du bist nicht mehr von kommerziellen Saatgutproduzenten abhängig.

1

2

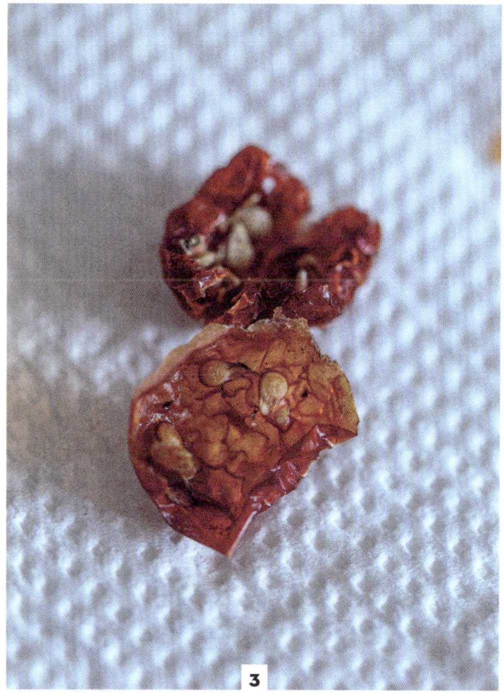
3

1 + 2 Erbsen und Radieschensamen aus getrockneten Schoten.

3 Tomatensamen aus der Frucht.

BASICS ZUR SAATGUTGEWINNUNG

Nahezu alle Nahrungspflanzen bilden Samen, um sich weiter zu vermehren und ihre Existenz zu sichern. Die Samen findest du in der essbaren Frucht, einer Schote, Kapsel oder in Blütenständen nach der Blüte.

Wichtig bei der Saatgutgewinnung ist, dass die Pflanze gesund und stark ist, von der du das Saatgut sammeln möchtest. Bei der Saatgutgewinnung aus der Frucht sollte diese ebenfalls gesund und bis zur Gänze ausgereift sein.

WER HAT WO SEINE SAMEN VERSTECKT?

Samenernte aus der essbaren Frucht

Bei Tomate, Chili, Paprika, Aubergine findest du die Samen mitten in der essbaren Frucht.

Anleitung: Das Saatgut sollte beim Herauslösen aus der Frucht nicht beschädigt werden, dazu wird die Frucht geöffnet oder halbiert. Die herausgelösten Samen in einem Sieb abwaschen und gegebenenfalls von Fruchtfleischresten befreien. Danach auf einem Küchenpapier zum Trocknen auslegen.

Samen aus der Schote

Bohnen, Erbsen, Kichererbsen, Sojabohnen und Linsen bilden ihre Früchte in einer Schote, die gleichzeitig das Saatgut sind.

Anleitung: Die Schote möglichst lange auf der Pflanze belassen, sodass das große Saatgut darin wirklich gut ausreifen kann. Sie darf solange an der Pflanze hängen, bis sie braun und raschel-

Korianderblüten entwickeln sich allmählich zu Samenkapseln.

trocken ist. Löse die Samen aus der Schote heraus und lasse sie an der Luft nachtrocknen.

Samen aus Kapseln

Zwiebelgewächse wie Knoblauch und Schnittlauch bilden nach der Blüte Kapseln. Sind diese braun und ascheltrocken, können sie geerntet werden.

Anleitung: Wähle dazu einen trockenen Tag. Samen, die schon direkt auf der Pflanze getrocknet sind, müssen nur heruntergelöst und aus der Samenkapsel herausgelöst werden. Dazu den kompletten Samenstand abschneiden und auf einem Papier oder in einer Tüte abklopfen.

Verpasse nicht den richtigen Zeitpunkt, sonst lösen sich die Samen schon vorher aus der Kapsel und verteilen sich auf dem Beet.

ZWEIJÄHRIGES GEMÜSE

Bei zweijährigen Gemüsearten dauert es ein Jahr mehr, bis sich die Samen bilden. Im ersten Jahr entwickelt sich der essbare Teil. Lässt man diesen stehen, bildet die Pflanze im zweiten Jahr ihr Saatgut aus: Karotte, Pastinake, Mangold, Lauch, Kohlrabi, Rote Rübe, Knollenfenchel.

SAATGUTAUFBEWAHRUNG

Die richtige Lagerung bewahrt Qualität und Haltbarkeit deines Saatgutes. Die Samen sollten wirklich komplett durchgetrocknet sein, bevor du diese verpackst. Am besten in atmungsaktiven Papiertüten dunkel und trocken aufbewahren. In luftdichten Dosen bleibt ein Restrisiko, dass das Saatgut wegen Restfeuchte zu schimmeln anfängt. Beschriften nicht vergessen! Ich beschrifte meine Papiertüten immer mit:

— Pflanze – Chili
— Sorte – 'Charapita'
— Erntejahr – 2024
— und wo ich dieses Saatgut herhabe – Balkon, Garten, Oma, Freunde ...

Vorsicht: Saatgut von F1-Hybriden solltest du nicht sammeln, siehe Erklärung Seite 22.

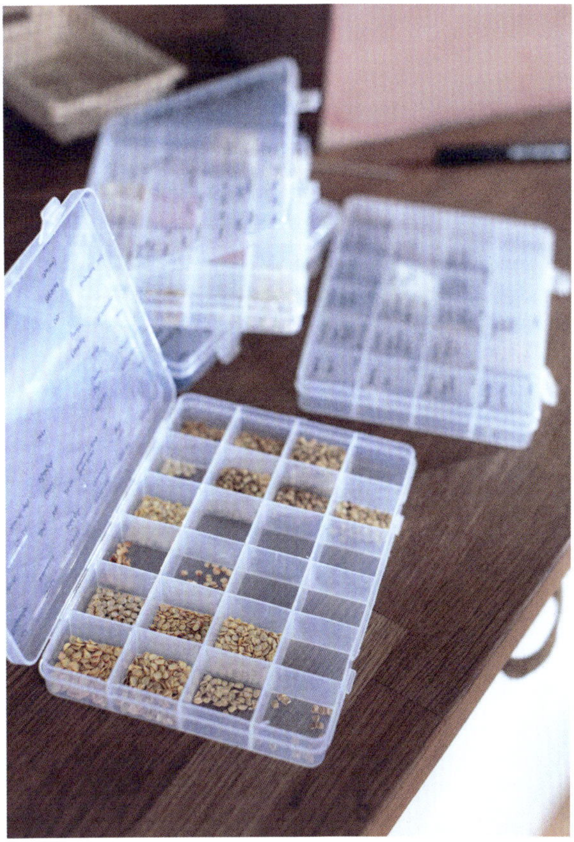

FISOLE BOHNE
GURKE
SALATE
CHILI PAPRIKA
TOMATEN
SONSTIGES
OBST
ERBSEN

ERNTE IM SEPTEMBER UND WAS DU DARAUS MACHEN KANNST

Am liebsten nasche ich natürlich alles gleich direkt frisch von der Pflanze oder versuche, es so wenig wie möglich zu kochen und nur kurz anzubraten, um die wunderbaren Vitamine und den herrlichen Geschmack von selbst angebautem Gemüse nicht zu verlieren.

ZUCCHINI BIS ZUM ERSTEN FROST ERNTEN

Jung und zart geerntet, schmecken sie auch roh hervorragend.
Mein Tipp: Zucchini-Birnen-Salat und Dressing mit Ahornsirup. Alles in feine Scheiben geschnitten.

DIE LETZTEN GURKEN SIND ERNTEREIF

Simpel genießen: einfach nur mit einem sehr qualitativ hochwertigen Olivenöl und einem Spritzer Zitronensaft.
Gurke asiatisch: Gurke mit Sesamöl und Sojasoße anmachen. Optional ein Schuss Reisessig und Koriander. Fertig ist der asiatische Gurkensalat.

DIE LETZTEN TOMATEN SIND IM SEPTEMBER ERNTEREIF

Ich nasche sie meistens direkt vom Strauch oder mit viel Basilikum und Knoblauch als Bruschetta-Auflage.

AUBERGINE & BOHNEN / FISOLEN

Finden bei mir den Weg in ein thailändisches Curry.

BEEREN

Wenn Himbeeren, Brombeeren, Erdbeeren nicht gleich vernascht werden, landen sie bei mir oftmals auch im Cocktail oder Wasserkrug, zusammen mit Kräutern als Infused Water.

ERNTEN UND GLEICH WIEDER FÜR DEN WINTER NACHSÄEN

— Salate: immer frisch und knackig direkt vom Balkon. Wenn möglich, ernte immer nur die äußeren Blätter, dann wächst Salat weiter und bildet neue Blätter.
— Radieschen
— Spinat, Mangold
— Kohlrabi
— Karotte / Möhre
— Rote Bete
— Lauchzwiebel

Noch mehr zum Ernten

— Paprika & Chili
— Kartoffel
— Karotten
— Weintrauben
— Äpfel
— Birnen
— Feigen

OKTO-
BER

Weiter Wintergemüse aussäen / pflanzen

Wintergemüse pflegen & vereinzeln, falls zu eng gesetzt

Vögel nicht vergessen & Vogelfutter bereitstellen

Ernte aller frostempfindlichen Gemüse & Obst

Frostempfindliche Pflanzen hineinstellen

Winterharte Kräuter durch Teilung vermehren

Saatgut ernten & trocknen

Beerenobst auslichten & zurückschneiden

Rückschnitt der Himbeeren

RÜCKSCHNITT VON BEERENOBST

Im Herbst neigen viele dazu, abgeerntete Pflanzen sofort zu entsorgen. Alles komplett zurückzuschneiden, ist ökologisch gesehen jedoch Unsinn. Ich zeige dir, was ich zu welcher Zeit zurückschneide und erkläre, weshalb ich einen Teil schon im Herbst schneide und den anderen Teil erst im Frühjahr angehe.

WAS SPRICHT JETZT GEGEN DEN RÜCKSCHNITT?

— Viele Insekten nisten sich zur Überwinterung in abgestorbene Pflanzenteile ein. Wenn du deine abgeernteten Pflanzen im Beet belässt, trägst du zur Erhaltung der Artenvielfalt bei.
— Abgestorbene Pflanzenteile sind wichtig für einen gesunden Boden. Lass das Wurzelwerk in der Erde und das Herbstlaub liegen. Würmer, Mikroorganismen und andere Kleinstlebewesen in der Erde zersetzen dieses und werten dabei deine Erde wieder auf.

WARUM ABER DOCH EINEN TEIL ZURÜCKSCHNEIDEN?

Je nach Pflanzenart und -zustand, sollte ein Rückschnitt vorgenommen werden. Kranke Pflanzenteile solltest du immer entfernen. Pilzbefall, Milben und andere Krankheiten müssen eingedämmt werden, damit sie nicht den Winter über an der Pflanze überleben und im Frühjahr erneut Schaden anrichten.

WIE SCHNEIDE ICH IM HERBST BEERENSTRÄUCHER ZURÜCK?

Auf einen Blick, wie du beliebte Beerengehölze jetzt einfach zurückscheidest.

Himbeeren-Rückschnitt

Bei Himbeeren ist es wichtig zu wissen, welche Sorte du hast: Sommer- oder Herbsthimbeeren. Der Unterschied besteht darin, ob sie an den einjährigen oder zweijährigen Ruten ihre Früchte tragen. Je nachdem werden sie beim Rückschnitt anders behandelt.

Herbsthimbeeren:

— tragen, wie der Name bereits sagt, im Herbst Früchte (um den August herum).
— Die Früchte der Herbsthimbeeren bilden sich an den einjährigen Trieben – also an Trieben, die im Frühjahr neu aus dem Boden geschossen sind.
— Der Rückschnitt ist einfach. Nach der Ernte werden alle Triebe bodennah abgeschnitten.

Der farbliche Unterschied hilft beim Erkennen und Schneiden der richtigen Ruten.

Sommerhimbeeren:

— tragen, wie der Name bereits sagt, im Sommer ihre Früchte (um den Juni herum).

— Die Früchte bilden sich an den zweijährigen Trieben – also an denen vom Vorjahr.

— Beim Rückschnitt ist hier zu beachten, dass nur die zweijährigen Triebe (die Früchte getragen haben) bodennah abgeschnitten werden. Die neuen Triebe, die erst in dieser Saison ans Tageslicht gekommen sind, bekommen im ersten Jahr keine Früchte und müssen bis nächstes Jahr stehen bleiben. Im zweiten Jahr bekommen dann genau diese Triebe ihre Früchte.

Bei beiden Sorten gilt: Ruten, die Früchte getragen haben, werden nach der Ernte bodennah abgeschnitten. Bei Herbsthimbeeren ist das alles, bei Sommerhimbeeren müssten ein paar leere Ruten für nächstes Jahr übrig bleiben.

Weinreben-Rückschnitt

Im Herbst bis in den Winter erfolgt der Hauptschnitt der Weinrebe. Frühjahr bis Sommer wird nur ausgelichtet.

— Weinreben tragen ihre Früchte nur an neuen Trieben, deshalb ist ein Rückschnitt wichtig, damit deine Rebe mit der Zeit nicht verholzt.

— Abgetragene Ruten werden auf 1–2 Augen zurückgeschnitten. Aus diesen Augen bilden sich im Frühjahr neue Triebe.

— Im Sommer werden nur Triebe oder Blätter weggeschnitten, welche die Traube beschatten.

Brombeeren-Rückschnitt

Brombeeren kannst du im Herbst (Oktober) und im Frühjahr (März) schneiden. Wer auf Nummer sicher gehen will, schneidet seine Brombeeren erst im März, denn die alten Triebe schützen die jungen Triebe vor Kälte und Frost (siehe Anleitung März, Seite 41).

Ribisel / Johannisbeeren-Rückschnitt (rote & weiße Sorten)

Siehe März, Seite 42

ERNTE IM OKTOBER

Unbedingt vor dem ersten Frost abernten – wenn noch nicht geschehen: Gurke, Zucchini, Tomate, Paprika, Chili. Unreife Tomaten können auch noch im Haus nachreifen.

Weitere Ernten Kohlrabi, Lauch, Sellerie, Karotte / Möhre, Pastinake; Kräuter wie Schnittlauch, Petersilie, Koriander, Minze, Thymian, Rosmarin, Oregano; Äpfel, Birnen, Trauben, Himbeeren, Brombeeren, Feigen.

Kann geerntet und wieder nachgesät werden (Wintergemüse): Radieschen, Rote Rübe / Rote Bete (als Jungpflanze nachpflanzen), Salate (Rucola, Vogerl- / Feldsalat, Endiviensalat, Radicchio, Asia-Salate), Spinat, Mangold, Winterpostelein, Winterkresse.

Länger ernten Wer bei Salaten, Spinat und Mangold immer nur die äußeren Blätter abschneidet, verlängert dadurch den Erntezeitraum.

WICHTIG BEI KARTOFFELN!

Haben deine Kartoffeln grüne Stellen, liegt das daran, dass die Knolle während der Wachstumsphase nicht tief genug unter der Erde war und an der Erdoberfläche Licht abbekommen hat. Dabei produzieren die Kartoffeln als Eigenschutz den giftigen Pflanzenstoff Solanin, der in hohen Konzentrationen für Menschen gesundheitsschädlich ist. Schneide daher grüne Stellen großzügig weg! Manchmal kann es sein, dass die Ursache von grünen Stellen Glykoalkaloide sind, die in größeren Mengen giftig für uns sind. Im Zweifelsfall die Kartoffeln also über den Kompost entsorgen und nicht mehr verzehren!

Um grüne Stellen bei Kartoffeln zu vermeiden, hilft regelmäßiges Anhäufeln im Beet, sodass die Knollen immer ausreichend mit Erde bedeckt sind. Nach der Ernte auf einen dunklen Lagerort achten.

NOVEM-BER

Balkon & Möbel winterfest machen

Gestänge einsammeln und von alten Pflanzenresten befreien

Werkzeug einsammeln, säubern, verstauen

Laub als Mulchschicht für Nützlinge liegen lassen

Frostschutz für empfindlichere Pflanzen

Wintergemüse pflegen, vereinzeln, ernten

Staunässe nach Regen vermeiden, da Frostgefahr

BALKON WINTERFEST MACHEN

Es ist wichtig, den Balkon winterfest zu machen, denn Kälte und Feuchtigkeit beschleunigen die Verwitterung verschiedenster Materialien. Balkonmöbel, Boden, Werkzeug sowie Bewässerungsanlage bleiben lange intakt, wenn diese richtig verpackt und weggeräumt werden.

BALKONMÖBEL

Meine Balkonmöbel wische ich grob ab und packe sie unter eine Plane. So sind sie vor Witterung und Schnee besser geschützt und bleiben langlebiger. Polster und andere Sitzbankauflagen sollten drinnen oder im Kellerabteil gelagert werden. Auch, wenn die meisten Polstermöbel aus speziellen Outdoor-Stoffen sind, sollten sie nicht ständig dem Regen, Schnee und Frost ausgesetzt sein.

HOLZ

Bänke, Beete, und auch ein Boden aus Holz, sollten einmal im Jahr mit einer Schutzlasur eingestrichen werden. Eine frische Lasur lässt Wasser wieder abperlen und schützt so besser vor Verwitterung. Wer das nicht schon im Frühling gemacht hat, sollte es unbedingt vor Wintereinbruch noch tun. Aus Erfahrung kann ich sagen, dass ein Verfall von Holz ohne Lasur von Jahr zu Jahr wirklich schnell sichtbar wird.

1

WERKZEUG

Unbenutzte Stangen und Rankhilfen einsammeln. Werkzeug mit einem feuchten Tuch grob reinigen und einölen, Kontaktspray hilft bei Scheren, die nicht mehr so gut von selbst auf und zu gehen. Wer Platz hat, sollte Werkzeug drinnen in einer Kiste aufbewahren, sehr feuchte Witterung lässt es rosten.

1 Die restlichen Radieschen schlummern unter der Schneehaube.

2 + 3 Beete sind teils mit Reisig abgedeckt, mit Wintergemüse bepflanzt oder bieten Unterschlupf. Kein Beet bleibt kahl.

BEWÄSSERUNG ABBAUEN

Gießschlauch abstecken und die Gießkanne ausleeren. Darin gesammeltes Wasser kann frieren und Schäden anrichten. Eine Bewässerungsanlage sollte ebenfalls kein Wasser mehr in den Schläuchen haben. Im Idealfall wird diese sogar gänzlich abgebaut und eingelagert. Leere Töpfe und Kübel verkehrt herum aufbewahren, hier kann sich ebenfalls Wasser sammeln und bei Frost Risse verursachen.

KÄLTESCHUTZ BEI TOPFPFLANZEN ANBRINGEN

Wer die Möglichkeit hat, sollte bewegliche Töpfe an die Hauswand stellen. Dort sind sie besser vor Wind und Frost geschützt. Für Bäume im Topf solltest du für sehr frostige Wintermonate eine Kokosmatte zuschneiden. Wintergemüse kannst du mit einer Vliesdecke schützen, Erdbeeren bekommen eine Abdeckung aus Reisigzweigen.

2

3

KÜRBIS
Butternut
2019
2019

SAATGUT-ADVENTSKALENDER

DAS BRAUCHST DU

Sammle 24 verschiedene Saatgut-Sorten zusammen. Ganz egal, ob selbst gesammelt oder getauscht.

Ein Adventskalender vollgepackt mit verschiedenen Saatguttütchen, ist nicht nur für Gartenanfänger, sondern auch für Fortgeschrittene Tag für Tag eine tolle Überraschung. Mit einem selbst gebastelten Saatgut-Adventskalender kannst du deinen Garten-Buddy überraschen.

SO GEHT'S

Jedes Saatgut kommt in seine eigene Tüte oder Dose (Sorte dazuschreiben nicht vergessen) und wird mit den Ziffern 1–24 beschriftet.

Ein toller Bonus sind Kärtchen mit den jeweiligen Informationen zur Sorte: Starkzehrer oder Schwachzehrer. Welche Bedürfnisse die Pflanze hat, wie Sonne / Schatten, Wasserbedarf, Bodennährstoffe. Wann & wie sie ausgesät wird, sowie ein paar Pflegetipps.

So kannst du dein Wissen weitergeben und lernst bei der Recherche bestimmt auch noch ein paar neue Facts.

Herbstkranz

Aus Laub und Pflanzenresten, aber auch aus gewöhnlichem Reisig, lässt sich mit ein paar Handgriffen ein individueller Adventskranz binden. Dazu nimmst du einfach einen Zweig, legst ihn als Ring und umwickelst ihn mit dem Draht. Die Drahtspule bleibt immer am Ring dran und wird immer weiter und weiter hindurchgewickelt. Zentimeter für Zentimeter kommen neue Pflanzenreste dazu. Dekoelemente aus der Natur / vom Balkon kannst du mit abgeschnittenen Drahtstücken auf dem Kranz fixieren oder mit einer Heißklebepistole ankleben.

ERNTE & PFLEGE IM NOVEMBER

Im Winter hält sich die Arbeit am Balkon in Grenzen. Ich muss zugeben, dass ich selber nur alle paar Tage einen genauen Blick nach draußen werfe. Wintergemüse ist hart im Nehmen und braucht nicht viel Aufmerksamkeit. Es gibt keine Schädlingsplage, es muss nicht gedüngt werden. Lediglich Niederschlag und Schneefall behalte ich im Auge, damit nichts vertrocknet oder von zu viel Schnee erdrückt wird.

1

2

1
Den Erdbeeren macht der Frost nichts aus. Sie treiben wieder frisch aus. Verwelktes Laub dient über den Winter als Mulch und Schutz und wird im Frühjahr entfernt.

2
Lauchsorten trotzen ebenfalls dem Schnee. Der Pflanzenschaft ist geschützt unter der Erde.

Ernte im November
— Kohl (Grünkohl, Rosenkohl, Blumenkohl, Brokkoli, Weißkohl, Wirsing)
— Salate & Blattgemüse: Kopfsalat, Endivien, Feldsalat, Radicchio, Rucola / Salatrauke, Spinat
— Wurzelgemüse: Möhre,Pastinake
— Knollengemüse: Radieschen, Rote Rübe, Kartoffel
— Lauch, Zwiebel, Knoblauch
— Obst: Äpfel, Birnen
— Kräuter: Petersilie, Schnittlauch, Thymian, Oregano, Rosmarin
Nur ernten, wenn kein Frost droht!

GIESSEN IM WINTER

Auf einem offenen und nicht überdachten Balkon reicht oftmals der Niederschlag oder die Schneeschmelze. In seltenen Fällen und sehr trockenen Wintern muss gegossen werden. Im Winter ist der Bedarf an Wasser allgemein sehr gering, da sich das Wachstum verlangsamt und einstellt. Ich erkenne recht gut am Wintergemüse und seinen Blättern, ob es zu trocken wird. Sehr selten hängen die Blätter und dürsten nach Wasser.

SCHNEEDECKE

Kohl- und Wurzelgemüse macht der Schnee nicht so viel aus wie zartem Blattgemüse. Das Wetter, und vor allem angesagter Schneefall, sollte im Auge behalten werden.

Wintersalate und anderes Blattgemüse sollte mit einem Vlies abgedeckt und vor der direkten Schneelast geschützt werden. Der Schneefall wird in meiner Region allerdings immer seltener. Bleiben jedoch Schneemassen liegen, werden sie von Baumästen, Sträuchern und Vlies ein wenig abgeklopft, um die Last und eine mögliche Beschädigung zu reduzieren.

DEZEM-BER

Was hat gut funktioniert?

Was wirst du nächstes Jahr lieber nicht noch mal ansetzen?

Wünsche & Ideen für nächstes Jahr?

Verbesserungen?

Regelmäßig Frostschutz kontrollieren

Bei Bedarf Wintergemüse ernten

BESINNLICHKEIT – JAHR REVUE PASSIEREN LASSEN

In den Wintermonaten gibt es, trotz Wintergemüse in den Beeten, kaum etwas am Balkon zu tun. Eine Gartenpause darf auch mal sein! In ruhigen Zeiten lasse ich gerne mein Gartenjahr Revue passieren. Ich überlege und plane in Gedanken, wie die kommende Saison noch besser wird.

— Wie war es bei dir?
— Was hat heuer sehr gut geklappt?
— Was ist gut gewachsen? Welche Beetgemeinschaften haben hervorragend funktioniert?
— Setze ich davon nächstes Jahr mehr ins Beet?
— Was hat nicht so gut funktioniert? Warum hat es nicht funktioniert?
— Kann ich es im nächsten Jahr anders machen, sodass es doch funktioniert?
— Oder lasse es ich es in Zukunft lieber sein?

Gerade bei der Erstbepflanzung eines Beetes und dem Balkon wirst du dir hier deine Erfahrungen für das nächste Jahr mitnehmen. Nicht alles funktioniert gleich gut. Du wirst sehen, von Jahr zu Jahr wird sich dein Balkon zu einem Paradies entwickeln.

— Mit welchen Schädlingen und Krankheiten hatte ich zu kämpfen?
— Wie kann ich diesen nächstes Jahr gleich von Anfang an vorbeugen?

Bei mir ist es gefühlt jedes Jahr ein neuer Schädling, der mich auf Trab hält. Aber so ist das Leben. Ich lerne dabei sehr viel über den Schädling selbst. Vorteile, Nachteile, was er genau macht, warum er es macht und wie ich das Schadbild und den Schädling selbst erkenne. Probiere verschiedene Wege zur Bekämpfung und Vorbeugung aus.

Genauso auch bei anderen Krankheiten und Schadbildern an der Pflanze. Warum sieht das Blatt so aus? Woher kommt der Pilz? Wie kann ich ihn bekämpfen und ihm vorbeugen?

— Welche Setzlinge will ich wieder selbst heranziehen?
— Welche Pflanzen kaufe ich zu?
— War es zu viel? Pflanze ich nächstes Jahr weniger an?

Hier entscheidet oft Platz und Zeitaufwand. Ganz am Anfang wollte ich alles selber heranziehen. Aber Achtung, das kann Anfänger schnell überfordern. In den ersten Jahren als Mama hatte ich keine Zeit, um mich täglich um Setzlinge zu kümmern. Während dieser Zeit habe ich mich auf Pflanzenmärkten mit Setzlingen eingedeckt. Mittlerweile hält es sich die Waage. Einen Teil setze ich gerne selber an, weil ich den Prozess so schön finde, wie sich aus einem Samen eine Pflanze entwickelt. Einen Teil an Setzlingen kaufe ich zu. Ich schaue, dass sich zeitlich alles gut ausgeht und unter einen Hut passt, sodass mir die Freude am Gärtnern und Ansetzen nicht vergeht.

Danke, dass ich deine Reise durchs Gartenjahr begleiten durfte. Nicht nur deine Pflanzen sind gewachsen. Auch du wächst Jahr für Jahr an neuen Erfahrungen. Natur tut gut.

Alles Liebe, Lisa

EMPFEHLUNGEN & BEZUGSQUELLEN

NATURNAHE SCHÄDLINGSBEKÄMPFUNG

biohelp Garten & Bienen
www.garten-bienen.at

ERDE MIT ENERGY GLOBE AWARD

Sonnenerde GmbH
www.sonnenerde.at

SAATGUT

Arche Noah
www.arche-noah.at

Bingenheimer Saatgut AG
www.bingenheimersaatgut.de

ReinSaat GmbH
www.reinsaat.at

Samengreisslerei
www.samengreisslerei.at

SETZLINGE

Adamah Biohof
www.adamah.at

VERTIKALE BEETE

Herbios Vertikalgarten GmbH
www.herbios.at

REGISTER

Fette Seitenzahlen verweisen auf Abbildungen.

BILDNACHWEIS

166 Farbfotos wurden von Lisa-Maria Trauer für dieses Buch aufgenommen.

IMPRESSUM

Umschlaggestaltung von MIRA MIRA Design, Isabelle Jozina Fischer unter Verwendung von 6 Farbfotos von Lisa-Maria Trauer.

Mit 172 Farbfotos.

Alle Angaben in diesem Buch sind sorgfältig geprüft und geben den neuesten Wissensstand bei der Veröffentlichung wieder. Da sich das Wissen aber laufend in rascher Folge weiterentwickelt und vergrößert, muss jeder Anwender prüfen, ob die Angaben nicht durch neuere Erkenntnisse überholt sind. Dazu muss er zum Beispiel Beipackzettel zu Dünge-, Pflanzenschutz- bzw. Pflanzenpflegemitteln lesen und genau befolgen sowie Gebrauchsanweisungen und Gesetze beachten.
Die Blütenfarben sind sortenabhängig, daher können auch Farben auf dem Markt sein, die im Buch nicht genannt werden. Die Blütezeiten sind ebenfalls sortenabhängig, aber auch klima- und standortabhängig. Die angegebenen Wuchshöhen und -breiten der Pflanzen sind Mittelwerte. Sie können je nach Nährstoffgehalt des Bodens variieren. Verschiedene Sorten können deutlich größer oder auch kleiner wachsen als die Art.

Gedruckt auf umweltfreundlichem Papier, klimaneutral hergestellt.

Gedruckt nach der Richtlinie „Druckerzeugnisse" des Österreichischen Umweltzeichens. gugler*print, Melk, UWZ-Nr. 609, www.gugler.at

Sicher. Kreislauffähig. Klimafreundlich.
C2C Certified® SILBER by gugler*
drucksinn.at

print 4 climate®
klimafreundlich gedruckt

ISBN 978-3-440-18058-7
Projektleitung: Birgit Grimm
Redaktion: Birgit Grimm
Gestaltungskonzept: Claudia Eder – Konzept und Gestaltung –, Pocking
Gestaltung und Satz: Katrin Kleinschrot
Produktion: Klaus Jost
Druck und Bindung: Gugler Medien GmbH, A-Melk / Donau
Printed in Austria / Imprimé en Autriche